インプレス R&D [NextPublishing] Future Coders
E-Book / Print Book

Python
ゲームプログラミング
知っておきたい数学と物理の基本

田中 賢一郎 著

Future Coders

PyGameだけで、自分で数式を
実装し、物理エンジンや画像処理、
VRMLビューワ、3Dゲームを作る！

はじめに

本書は『JavaScriptゲームプログラミング 知っておきたい数学と物理の基本』(インプレスR&D) のPython版です。以下のようなゲームをPythonで実装する方法について解説しています。衝突判定や3D処理もすべて自力で実装します。コードは長くても300行程度です。どんなトリックを使っているか想像できますか？

●3D迷路ゲーム

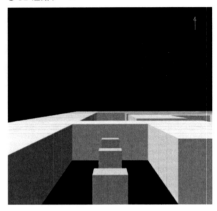

●3D Tank バトル ゲーム

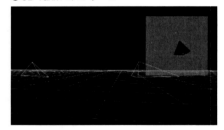

● 3D モデルビューワ

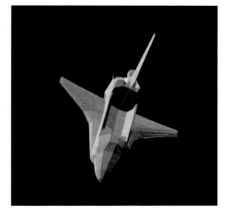

● 3D Tilt ゲーム

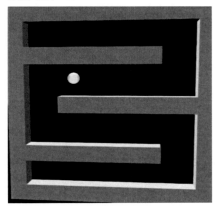

● 3D ブロック崩し

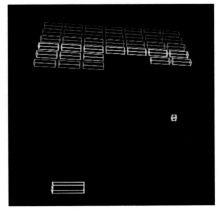

● 3D Peg ゲーム

　今回使ったトリックの種は「速度・加速度、三角関数、ベクトル、行列」といった物理と数学です。これらの種を自分のものにすると表現の幅が格段に広がるだけでなく、コードをシンプルにすることも可能になります。ただ、手品に練習が必要なように、物理と数学の習得にも多少の勉強が必要です。

　「ゲームで使用する数学」の内容は多岐にわたりますが、本書では基本的な内容に特化しています。物理や数学は厳密性を要求される学問であるため、その解説は難しくなりがちです。本書では、厳密性よりも"わかりやすさ"を優先しました。物理や数学の法則をどのようにコードに落とし込むか、多くの例を使って説明します。さらに、興味を持ってもらうためにゲームも複数作成しました。いろいろなサンプルを見ているうちに、一定のパターンが見えてくるはずです。

　最近はUnity、Unreal Engineなどゲーム用のライブラリが充実しています。おかげで、物理や数学に関する知識がなくても、また、プログラミングに関する経験が少なくても、それなりのクオリティのゲームが簡単に作れるようになりました。より多くの人に門戸を開くという点では素晴らしいと思うのですが、根っこで何が起きているか知らないまま過ごすのは少し残念な気もします。

　本書では前提としているモジュールはPyGameだけです。DirectXやOpenGL、WebGLといった高度なAPIは使いません。自分で数式を実装し、その結果をSurface上に描画しながら2Dや3Dのゲームを実装してゆきます。すべて自分の手でプログラミングすることで、数学や物理の基礎に親しむとともに、プログラミングの楽しさを実感してもらうのが本書の狙いです。「行列を使うとこんなことが簡単にできるのか！」、「三角関数を使うとこんな面白い効果が実装できるんだ！」、一人でも多くの人にそんな驚きを実感してもらえれば、これほど嬉しいことはありません。

　本書は「ある程度Pythonを知っていて、PyGameというモジュールを触ったことがある」という方を読者として想定しています。もしPythonやPyGameになじみがない方は、拙著『ゲー

ムを作りながら楽しく学べるPythonプログラミング』（インプレスR&D）をご覧いただければと思います。本書を通して「プログラミングや数学は楽しい」という実感を持っていただけることを切に願っています。

2017年　　筆者

本書の構成

早速ゲームの作成に着手したいと思われるかもしれませんが、まずは準備運動が必要です。本書がどのような構成か整理してみます。

基礎編

- ・速度・加速度
- ・三角関数
- ・ベクトル
- ・行列

ここで数学と物理の基礎固めをします。後続の章のベースになるのでしっかりと把握してください。無味乾燥な内容にならないよう、たくさんの例を用意しました。実際にコードを入力して動作確認しながら読み進めてください。

2D編

画像処理ソフトを使うと画像を加工することができます。変形や色変換、モザイク、エンボス、波紋などいろいろな効果がありますが、本章ではそんな画像処理を実装します。三角関数の威力を実感できるでしょう。続いて、簡易物理エンジンを実装します。一般的な物理エンジンは数千〜数万行のコードから構成されます。今回実装する簡易エンジン tiny_2D.py は機能を削ったため250行程度です。簡単なことしかできませんが、それだけに理解も容易で自由に改造もできるはずです。書籍の一部で物理エンジンを作るという試みはあまりないと思います。たった250行で物理エンジンを作ることは大きなチャレンジでした。それだけに興味をもって読み進んでいただけることを願っています。

3D編

いよいよ本書の目玉である3Dです。「座標→ワイヤーフレーム→面」と順を追って描画してゆきます。まず、簡易3Dビューワの実装を通して、3D描画の基礎を習得します。そのあとで、応用例としてゲームを作ってゆきます。

- ・簡易3Dビューワ　約160行

はじめに　5

- 3D ブロック崩し　約170行
- 3D Tilt　約220行（`tiny_2D.py`は含まず）
- 3D Peg　約260行（`tiny_2D.py`は含まず）
- 3D 迷路　約280行
- 3D Tank　約360行

　行数をかければ凝ったゲームを作ることは可能でしょう。特に3Dゲームは行数が増えてしまいがちです。本書では「たったこれだけの行数で、これ位のコンテンツが作れるんだ！」と思っていただけることを目標にサンプルを作成しました。どの程度自分が目標を達成できたかは読者の皆様が判断してください。

想定する読者

　本書は、Pythonをある程度知っていて、PyGameというゲーム用ライブラリを使ったことがあるという読者を想定して執筆しました。PythonやPyGameになじみがない方は、拙著『ゲームを作りながら楽しく学べるPythonプログラミング』を手に取っていただければ幸いです。本書の内容をより一層理解できるようになるはずです。

　ただし、数学や物理の内容は普遍的なので特定の言語に依存しません。内容を理解すれば他の言語への移植も容易なはずです。実際に3DビューワはScratch（https://scratch.mit.edu/projects/115771964/）でも実装して動作することを確認しました。

開発環境・実行環境

　本書ではファイルの管理や入力の負担を軽減させるため、ほとんどのサンプルは1つのファイルとして完結させました。PyGame以外は、サードパーティのライブラリも使用していません。したがって、ほとんどのOSで開発・実行できます。WindowsでもmacOSでもLinuxでも大丈夫です。プログラムを記述するエディタも好きなものを使ってください。

　ただし、入力効率を考えるとVisual Studio、Aptana Studioといった統合環境、もしくはVisual Studio Code、CotEditor、Emacsなど、Pythonの文法に応じて色が変わったり、括弧の対応を自動で調整してくれたりする、プログラミングに対応したエディタの利用をお勧めします。

　本書に掲載しているサンプルは以下の環境で動作確認をしています。

　　Windows 10、Python 3.5.2 :: Anaconda 4.2.0（64-bit）

ダウンロードサービス

　本書に掲載したプログラムやサンプルは以下のURLからダウンロードできます。必要に応じて以下のホームページにアクセスしてください。

http://future-coders.net/

　なお、このダウンロードサービスはあくまで読者サービスの一環として実施するもので、利用期間を保証できないことをあらかじめご了承ください。

目次

はじめに ……………………………………………………………………………… 2

　本書の構成 ………………………………………………………………………… 5

　想定する読者 ……………………………………………………………………… 6

　開発環境・実行環境 ……………………………………………………………… 6

　ダウンロードサービス …………………………………………………………… 6

第1章　〈基礎編−1〉速度・加速度 ………………………………………… 11

　1-1　速度 …………………………………………………………………………… 12

　1-2　加速度 ………………………………………………………………………… 17

　1-3　重力加速度 …………………………………………………………………… 22

第2章　〈基礎編−2〉三角関数 …………………………………………………… 29

　2-1　はじめに ……………………………………………………………………… 30

　　2-1-1　X-Y座標系と極座標系 ……………………………………………… 30

　　2-1-2　角度とラジアン ……………………………………………………… 38

　　2-1-3　サイン、コサインカーブ …………………………………………… 39

　　2-1-4　波の足し算 …………………………………………………………… 43

　2-2　サインカーブを使ったサンプル …………………………………………… 47

　　2-2-1　A boat on waves …………………………………………………… 47

　　2-2-2　Snow …………………………………………………………………… 49

　　2-2-3　Fireworks ……………………………………………………………… 53

第3章　〈基礎編−3〉ベクトル ………………………………………………… 61

　3-1　ベクトルの基礎 ……………………………………………………………… 62

　　3-1-1　ベクトルの足し算 …………………………………………………… 62

　　3-1-2　ベクトルの掛算 ……………………………………………………… 66

　　3-1-3　ベクトルの内積 ……………………………………………………… 70

　　3-1-4　ベクトルの外積 ……………………………………………………… 75

　3-2　行列としてのベクトル ……………………………………………………… 80

第4章　〈基礎編−4〉行列 ……………………………………………………… 81

　4-1　はじめに ……………………………………………………………………… 82

　4-2　行列の初歩 …………………………………………………………………… 83

　　4-2-1　行列の記法 …………………………………………………………… 83

　　4-2-2　行列の掛け算 ………………………………………………………… 87

　　4-2-3　行列の足し算 ………………………………………………………… 89

　4-3　行列を使った計算 …………………………………………………………… 94

　　4-3-1　単位行列 ……………………………………………………………… 94

　　4-3-2　拡大・縮小 …………………………………………………………… 94

　　4-3-3　平行移動 ……………………………………………………………… 100

	4-3-4 回転 …………………………………………………………	100
4-4	3Dの行列 ………………………………………………………………	107
	4-4-1 単位行列 …………………………………………………………	108
	4-4-2 拡大縮小 …………………………………………………………	109
	4-4-3 平行移動 …………………………………………………………	109
	4-4-4 回転 …………………………………………………………	109

第5章 〈2D編−1〉画像処理 ……………………………………………… 113

5-1	ラスタデータ …………………………………………………………	114
5-2	単なる画像描画 ………………………………………………………	116
5-3	Pixelを使った画像描画 ……………………………………………	118
5-4	さまざまな画像処理 …………………………………………………	120
	5-4-1 ネガ・ポジ反転 …………………………………………………	120
	5-4-2 グレースケール …………………………………………………	121
	5-4-3 ノイズ …………………………………………………………	122
	5-4-4 輝度 …………………………………………………………	124
	5-4-5 変形（波1） ……………………………………………………	125
	5-4-6 変形（波2） ……………………………………………………	130
	5-4-7 変形（波3） ……………………………………………………	131
	5-4-8 エッジ検出 ……………………………………………………	132
	5-4-9 エンボス ……………………………………………………	135
	5-4-10 ぼかし ……………………………………………………	137
	5-4-11 モザイク ……………………………………………………	140
	5-4-12 回転1 ……………………………………………………	142
	5-4-13 回転2 ……………………………………………………	145
	5-4-14 波紋 ……………………………………………………	146

第6章 〈2D編−2〉物理エンジン ……………………………………… 149

6-1	物理エンジンとは ……………………………………………………	150
	6-1-1 物理エンジンの仕組み …………………………………………	150
6-2	衝突判定 ………………………………………………………………	152
	6-2-1 円と円の衝突判定 ………………………………………………	152
	6-2-2 円と矩形の衝突判定 ……………………………………………	153
	6-2-3 移動する円と線の衝突判定 ……………………………………	155
6-3	衝突時の処理 …………………………………………………………	162
	6-3-1 動く円と静止円の衝突 …………………………………………	162
	6-3-2 動く円と動く円の衝突 …………………………………………	165
6-4	物理エンジンのコード詳説 …………………………………………	167
6-5	物理エンジン使用例 …………………………………………………	189
	6-5-1 デモ（tiny_2D_demo.py） ……………………………………	189
6-6	その他のサンプル ……………………………………………………	196
	6-6-1 2D PaintDrops Mini …………………………………………	197

第7章 〈3D編−1〉簡易VRMLビューワ ……………………………… 205

7-1	ビューワ実装前の準備 ………………………………………………	206

	7-1-1　ビューワ表示例 ……………………………	206
	7-1-2　VRML ファイルのフォーマット	207
7-2　簡易 VRML ビューワの段階的な実装 ……………………		**210**
	7-2-1　ドットビューワ ……………………………	210
	7-2-2　ワイヤーフレームビューワ ………………	218
	7-2-3　ワイヤーフレームビューワ（回転）……	223
	7-2-4　簡易 VRML ビューワ ………………………	229

第 8 章　〈3D 編－ 2〉3D ゲームサンプル ………………………………… 245

8-1　3D ブロック崩し ………………………………………………… **246**
8-1-1　ゲーム概要 …………………………………… 246
8-1-2　ソースコード解説 …………………………… 246

8-2　3D 迷路 ……………………………………………………………… **264**
8-2-1　ゲーム概要 …………………………………… 264
8-2-2　ソースコード解説 …………………………… 265

8-3　3D Tilt ……………………………………………………………… **294**
8-3-1　ゲーム概要 …………………………………… 294
8-3-2　ソースコード解説 …………………………… 294

8-4　3D Peg ……………………………………………………………… **313**
8-4-1　ゲーム概要 …………………………………… 313
8-4-2　ソースコード解説 …………………………… 313

8-5　3D Tank ……………………………………………………………… **334**
8-5-1　ゲーム概要 …………………………………… 334
8-5-2　ソースコード解説 …………………………… 334

あとがき ………………………………………………………………………… 373

著者紹介 ………………………………………………………………………… 375

第1章 〈基礎編−1〉速度・加速度

◉

リアルタイム系のゲームでは、自分、敵、弾丸など、何かしら動くものがあるはずです。動くということは、一定の時間にある程度の距離を移動するということですが、その計算の過程で必ず速度や加速度が必要になります。特に落下する物体などリアルな動きをシミュレートするには、速度・加速度への理解が欠かせません。本書の基本ともいえる内容なのでぜひしっかりと把握してください。

1-1 速度

身近なところにたくさんの速度があふれています。
・新幹線の最高速度は時速300km
・風速25m/秒の暴風雨
・光は毎秒30万km

速度とは単位時間に進む距離で表されます。速さが一定であれば、進む距離は時間に比例します。つまり、以下のような式が成立します。

距離（km）＝速度（km／時間）×時間（時間）

たとえば、時速100kmは1時間に100km進むということです。2時間なら200km、3時間なら300kmと具体的な数値をイメージするとわかりやすいでしょう。

ゲームの場合は「50ピクセル／秒」のような単位になるでしょう。ピクセルとは画面を構成する点のことです。表にすると以下のような感じです。

時間（秒）	0.1	0.2	0.3	0.4	0.5	…	1	2	…	10
距離（ピクセル）	5	10	15	20	25	…	50	100	…	500

ここで、「時間と距離」の関係と、「時間と速度」の関係を混乱しないことが大切です。以下の図を見てください。

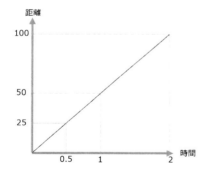 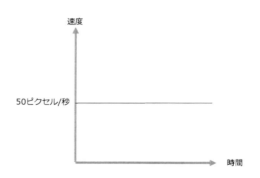

既に説明したように「距離＝速度×時間」という関係式が成立します。上の左図は時間と距離の関係を示すグラフです。時間と距離が比例している様子がよくわかります。上の右図は、横軸が時間で縦軸が速度のグラフです。速度が時間に応じてどのように変化するかを見るとき

に使います。速度が一定の場合は水平な線が描かれます。このグラフにおいて「速度×時間」は面積となります。つまり、このグラフでは面積が距離に相当することになります。下の図を見るとイメージをつかみやすいかもしれません。

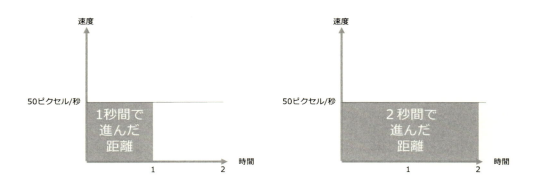

それでは「距離＝速度×時間」の関係をプログラミングで実装してゆきましょう。実際にプログラミングではこの式を直接実装することはありません。たとえば、以下のようなコードを記述することはまれでしょう。

```
distance = speed * duration;
```

シューティングやアクションといった動きのあるゲームの場合、一定間隔で繰り返し呼び出される関数を用意するのが一般的です。PyGameでは、メインループが繰り返し処理を行います。その間隔はpygame.time.Clock()を使って調整します。

```
FPSCLOCK = pygame.time.Clock()
while True:
    各種処理
    pygame.display.update()
    FPSCLOCK.tick(フレームレート)
```

フレームレートとは1秒間に画面を再描画する回数のことです。一定速度で移動する場合、この"メイン処理の関数"の中で位置の座標を更新します。こうすることで、徐々に移動する効果を表現することができるのです。一定速度で右方向へ移動するサンプルを以下に示します。

●ファイル：speed0.py
```
""" speed0.py """
import sys
import pygame
```

```python
from pygame.locals import QUIT, Rect

pygame.init()
SURFACE = pygame.display.set_mode((600, 600))
FPSCLOCK = pygame.time.Clock()


def main():
    """ メインルーチン """
    pos_x = 0
    velocity_x = 5
    while True:
        for event in pygame.event.get():
            if event.type == QUIT:
                pygame.quit()
                sys.exit()

        SURFACE.fill((0, 0, 0))
        pos_x += velocity_x
        if pos_x > 600:
            pos_x = 0

        pygame.draw.rect(SURFACE, (255, 255, 255),
                         Rect(pos_x, 200, 10, 10))

        pygame.display.update()
        FPSCLOCK.tick(10)

if __name__ == '__main__':
    main()
```

　X座標の値を変数pos_xで管理しています。メインループ内でFPSCLOCK.tick(10)と実行しているので、ループ内の処理は1秒間に10回、つまり100ミリ秒毎に実行されます。メインループではpos_x += velocity_xでX座標の値をvelocity_xだけ増やしています。このvelocity_xが速度に相当します。

14 ｜ 第1章 〈基礎編−1〉速度・加速度

つまり、一定速度での移動を実現するには、「距離＝速度×時間」という式を直接コードで表すのではなく（＝以下のようなコードではなく）、

```
pos_x = velocity_x * duration;
```

次のように、「速度を距離に追加する」という処理を一定間隔で繰り返すのです。

```
pos_x += velocity_x;   // pos_x = pos_x + velocity_xと同じこと
```

速度を速くする場合は、以下のどちらか、もしくは以下の2つを組み合わせます。
・1回で追加する量velocity_xを増やす
・メインループを実行する間隔を短くする（1秒間に描画するフレーム数fpsを増やす）

メインループの実行間隔を短くするのは簡単ですが、その分処理負担が増加します。一般的に画面を書き換えるタイミングは16m秒程度の間隔なので、それより短い値を指定しても無意味です。極端に小さな値を指定することは避けましょう。

速度をX方向成分とY方向成分に分割すると斜め方向にも移動できるようになります。

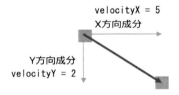

矩形を斜めに移動する例を以下に示します。

●ファイル：speed1.py

```python
""" speed1.py """
import sys
import pygame
from pygame.locals import QUIT, Rect

pygame.init()
SURFACE = pygame.display.set_mode((600, 600))
FPSCLOCK = pygame.time.Clock()

def main():
    """ メインルーチン """
    rect = Rect(0, 0, 10, 10)
```

```python
    velocity = (5, 2)
    while True:
        for event in pygame.event.get():
            if event.type == QUIT:
                pygame.quit()
                sys.exit()

        SURFACE.fill((0, 0, 0))
        rect.move_ip(velocity)
        if rect.x > 600:
            rect.x = 0
        if rect.y > 600:
            rect.y = 0

        pygame.draw.rect(SURFACE, (255, 255, 255), rect)

        pygame.display.update()
        FPSCLOCK.tick(10)

if __name__ == '__main__':
    main()
```

　この例ではPyGameにあるRectクラスを使って矩形の位置とサイズを管理し、move_ipメソッドを使って自分自身の位置を移動しています。

1-2　加速度

　乗り物に乗っていて、出発時に体が後ろに押し付けられる感覚、停止するときに体が前につんのめった感覚を経験したことがあると思います。
- 電車が発車した直後や急に減速したとき
- 車で急発進したとき、急停車したとき
- ジェットコースターで坂を降りるとき

これらに共通しているのは速度が変化するということです。速度が一定のときは、このような感覚はないはずです。たとえば、高速道路を一定速度で運転しているとき、電車が定速で移動しているときには感じないはずです。

　速度が時間によってどう変化するかみるために、横軸を時間、縦軸を速度にしてグラフを描いてみます。次の図は「ある時間まで一定の割合で速度が増えて行き（加速され）、そのあと一定の速度で航行し、最後に速度が減速する」というグラフです。電車の速度変化をグラフ化するとおそらくこのような形になるはずです。

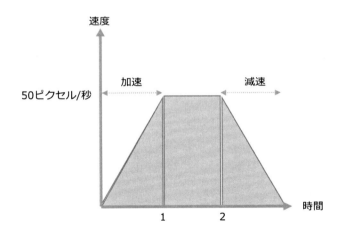

　時間と速度のグラフにおいて、進んだ距離は面積で表現されることを前節で説明しました。加速時に進む距離を求めるため、この面積を計算する方法を考えてみましょう。1次関数のグラフ（$y = ax$）において、横軸が時刻、縦軸が速度とすると、ある時刻tのときy軸の値はatです。すると面積Sは三角形の面積の公式から以下の式に示すように簡単に求めることができます。

$S = (at \times t) \div 2 = at^2 / 2$

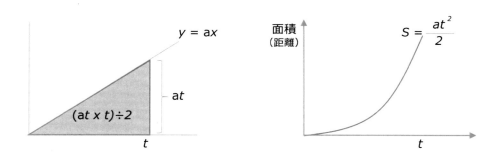

つまり、進んだ距離は($at^2/2$)というように時間の2次関数になるのです。ここまでの説明を整理して、加速、定速、減速と変化するときの時間と距離の関係を以下に示します。

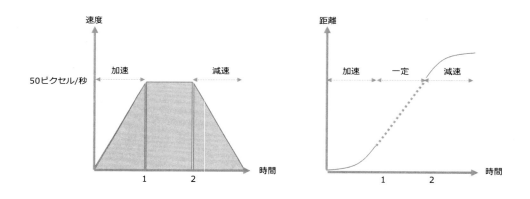

たとえば、ロケットは発射時に急激に速度が上昇します。一方、遊覧船はゆっくりとスピードを上げてゆきます。一口に速度の変化といっても、その度合いにいろいろあることは直観的にわかると思います。これを単位として比較できるようにしたのが加速度です。つまり、加速度とは「単位時間あたりにどのくらい速度が変化するのか」を表す単位です。

わかりにくいと思うので、例を見てみましょう。速度は単位時間にすすむ距離なので、距離を時間で割って求めます。たとえば、50mを2秒で進むなら、秒速は以下の式のように

`50m ÷ 2s = 25m/s`

となります。一方、加速度は単位時間に速度が変化する割合なので、速度の変化分を時間で割って求めます。たとえば、25m/sから50m/sになるのに5秒かかったとすると、加速度は次の式

のようになります。

$$(50\text{m/s} \cdot 25\text{m/s}) \div 5\text{s} = 25\text{m/s} \div 5\text{s} = \frac{25\text{m}}{1\text{s} \times 5\text{s}} = \frac{5\text{m}}{\text{s}^2} = 5\text{m/s}^2$$

　加速度の単位はm/s^{2}のようになります。今回の例では5m/s^{2}という値でしたが、これは1秒間に5m/s（秒速5m）ずつ速度が増えてゆくことを意味しています。速度と加速度は紛らわしいので混乱しないように注意してください。

　では、この加速度をプログラミングでどのように作ってゆくのか見てゆきましょう。

●ファイル：speed2.py

```python
""" speed2.py """
import sys
import pygame
from pygame.locals import QUIT, Rect

pygame.init()
SURFACE = pygame.display.set_mode((600, 600))
FPSCLOCK = pygame.time.Clock()


def main():
    """ メインルーチン """
    pos_x = 0
    velocity_x = 5
    accel_x = 0.4
    while True:
        for event in pygame.event.get():
            if event.type == QUIT:
                pygame.quit()
                sys.exit()

        SURFACE.fill((0, 0, 0))
        velocity_x += accel_x
        pos_x += velocity_x
        if pos_x > 600:
```

第1章　〈基礎編－1〉速度・加速度　19

```
        pos_x = 0

    pygame.draw.rect(SURFACE, (255, 255, 255),
                     Rect(pos_x, 200, 10, 10))

    pygame.display.update()
    FPSCLOCK.tick(10)

if __name__ == '__main__':
    main()
```

　実行すると速度を上げながら矩形が移動してゆきます。速度がvelocity_xで、加速度が accel_x、距離である座標がpos_xです。

・加速度が加わっている＝速度が一定の割合で増えてゆく　→速度velocity_xが、accel_x ずつ増えてゆく

・距離は速度×時間で求まる＝単位時間ごとに速度の分だけ距離が進む　→距離にあたる pos_xは、速度velocity_xずつ増えてゆく

ということを理解したうえでメインループを見てください。これは一定間隔（ここでは単位時 間とします）で呼び出されます。その中では以下のコードが実行されます。

```
    velocity_x += accel_x
    pos_x += velocity_x
```

　まず、速度をaccel_x分ふやします。その増えた速度velocity_xを距離pos_xに追加し ています。まさに先述した通りの説明をコードで実装しています。

　このコードを先ほどのグラフで表現すると以下のようになります。

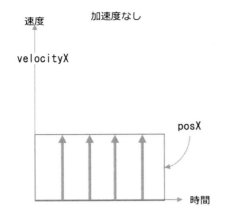
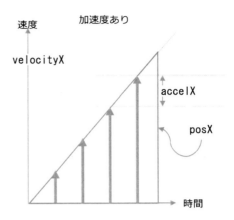

　加速度がない場合、速度は変化しません。上の左図において距離pos_xは矩形の面積で表されます。ただし、コードで実装するときは、時間×速度で面積を求めるのではなく、定期的に実行されるメインループにおいて、都度速度（velocity_x）を加えることで現在の距離を求めます。

　一方、加速度がある場合、上の右図のように速度velocity_xが一定の割合（accel_x）で増加してゆきます。それらの合計が距離pos_xとなります。こちらも、三角形の面積を計算するのではなく、都度accel_xを速度（velocity_x）に加え、その速度を同じように距離pos_xに加えることで求めます。

　加速度がないときとあるときを整理しておきましょう。

	加速度なし（一定速度）	加速度あり
メインループでの実行内容	pos_x += velocity_x;	velocity_x += accel_x; pos_x += velocity_x;

　加速度とは文字通り「**速度に値を加えている**」ということがわかると思います。速度と加速度は、同じ"速度"という文字が使われることもあり混乱する人も多いと思います。コードで実装する際は

・一定間隔で呼び出されるメインループやタイマーの中で処理を行う
・加速度がないときは、今の距離に速度を加えることで距離を更新する
・加速度があるときは、今の速度に加速度を加えて新しい速度を求め、その新しい速度を今の距離に加えることで距離を更新する

となります。

1-3　重力加速度

　一番身近な加速度といえば重力加速度でしょう。重力は地球の引力です。モノを離すと落下してゆきますが、落下速度は徐々に加速してゆきます。空気抵抗の影響で最終的には一定の速度に落ち着きますが、加速してゆくのは重力加速度があるからにほかなりません。重力加速度は「9.80665m / s²」という下向きの値になります。ゲームで忠実にこの値を使う必要はありません。下向きの加速度を使うだけでそれっぽい動きを実現できます。

●ファイル：speed3.py

```python
""" speed3.py """
import sys
import pygame
from pygame.locals import QUIT, Rect

pygame.init()
SURFACE = pygame.display.set_mode((600, 600))
FPSCLOCK = pygame.time.Clock()


def main():
    """ メインルーチン """
    rect = Rect(0, 600, 10, 10)
    velocity = [5, -20]
    accel = (0, 0.5)
    while True:
        for event in pygame.event.get():
            if event.type == QUIT:
                pygame.quit()
                sys.exit()

        SURFACE.fill((0, 0, 0))
        velocity[1] += accel[1];
        rect.move_ip(velocity)
```

22　第1章　〈基礎編－1〉速度・加速度

```
        if rect.x > 600:
            rect.x = 0
        if rect.y > 600:
            velocity[1] = -20

        pygame.draw.rect(SURFACE, (255, 255, 255), rect)

        pygame.display.update()
        FPSCLOCK.tick(10)

if __name__ == '__main__':
    main()
```

このプログラムを動かすと矩形は以下のように放物線を描きながら移動してゆきます。velocityが速度です。velocity[0]がX軸方向、velocity[1]がY軸方向の速度です。accelは加速度です。accel[0]がX軸方向の加速度、accel[1]がY軸方向の加速度です。

この移動を実現しているのが以下のコードです。

```
        velocity[1] += accel[1];
        rect.move_ip(velocity)
```

move_ipはrect自身を移動させるメソッドです。X軸方向には一定方向で移動するので、毎回velocity[0]分、右方向へ移動します。Y軸方向は初速度をvelocity[1] = -20のように上向きに設定しています。一方、加速度はaccel[1] = 0.5と下向きに設定しています。重力と同じように下向きであることに注意してください。速度は最初上向き（負の数値）ですが、毎回accel[1]分加算され徐々にスピードが落ちてゆきます。速度が0になる辺りが放物線の頂点です。そこから徐々に加速して下向きに移動してゆきます。このままだと画面の外に

移動してしまうので、画面の下にきたときにまた初速度をvelocity[1] = -20に設定しています。画面の外にはみ出してしまった時の処理が以下の部分です。

```
    if rect.x > 600:
        rect.x = 0
    if rect.y > 600:
        velocity[1] = -20
```

重力加速度を使ったシンプルなゲームを作ってみました。

　画面左端にある矩形が上下の壁に衝突しないように進んでゆくゲームです。スペースキーを押下している間は上方向に加速度を加えます。キーを離している間は重力加速度が加わります。

●ファイル：speed4.py
```python
""" speed4.py """
import sys
from math import sin, radians
import pygame
from pygame.locals import QUIT, KEYDOWN, K_SPACE, Rect

pygame.init()
pygame.key.set_repeat(5, 5)
SURFACE = pygame.display.set_mode((600, 600))
FPSCLOCK = pygame.time.Clock()

def main():
```

```python
""" メインルーチン """
rect = Rect(0, 300, 10, 10)
speed = 10
velocity = -20
accel = 5
offset = 0
game_over = False
font = pygame.font.SysFont(None, 30)

while True:
    is_flying = False

    for event in pygame.event.get():
        if event.type == QUIT:
            pygame.quit()
            sys.exit()
        if event.type == KEYDOWN:
            if event.key == K_SPACE:
                is_flying = True

    if not game_over:
        velocity += -accel if is_flying else accel
        rect.y += velocity
        offset += speed
        if offset % 100 == 0:
            speed += 2

    SURFACE.fill((0, 255, 0))

    # draw ceiling
    points = [(0, 0)]
    for pos_x in range(0, 610, 10):
        pos_y = 200 + sin(radians(pos_x + offset) / 2) * 80
        points.append((pos_x, pos_y))
```

第 1 章 〈基礎編 − 1〉速度・加速度 | 25

```python
            if pos_x == 10 and rect.y < pos_y:
                game_over = True
        points.append([600, 0])
        pygame.draw.polygon(SURFACE, (165, 42, 42), points)

        # draw floor
        points = [(0, 600)]
        for pos_x in range(0, 610, 10):
            pos_y = 400 + sin(radians(pos_x + offset) / 3) * 60
            points.append((pos_x, pos_y))
            if pos_x == 10 and rect.bottom > pos_y:
                game_over = True
        points.append([600, 600])
        pygame.draw.polygon(SURFACE, (165, 42, 42), points)

        pygame.draw.rect(SURFACE, (255, 255, 255), rect)

        score = font.render(str(offset), True, (255, 255, 255))
        SURFACE.blit(score, (500, 50))

        pygame.display.update()
        FPSCLOCK.tick(10)

if __name__ == '__main__':
    main()
```

キーの押下によって加速度の向きを変えています。

```python
        is_flying = False

        for event in pygame.event.get():
            if event.type == QUIT:
                pygame.quit()
                sys.exit()
            if event.type == KEYDOWN:
```

26 　第1章 〈基礎編－1〉速度・加速度

```
            if event.key == K_SPACE:
                is_flying = True


    if not game_over:
        velocity += -accel if is_flying else accel
        rect.y += velocity
```

　スペースキーの押下状態を is_flying という広域変数で管理しています。キーの押下時に
True に、離すと False になります。メインループ中でY方向の値を更新しています。

```
velocity += -accel if is_flying else accel
```

という命令では、is_flying が True のときは-accel を、False のときは accel を velocity
に加えています。符号が違うことに注意してください。あとは前のサンプルと同じです。paint()
の中で上下の壁を描いていますが、これは三角関数の説明を読んだ後で振り返ってみてくださ
い。ここでは速度・加速度の部分が理解できれば十分です。

第 1 章　〈基礎編 − 1〉速度・加速度　　27

2

第 2 章　〈基礎編 − 2〉三角関数

◉

「sin（サイン）・cos（コサイン）・tan（タンジェント）」、中学生はまだ習ってないのでなんのことかわからないと思います。高校生以上であれば、加法定理や倍角公式に苦しめられた人も少なくないでしょう。確かに、日常生活で三角関数のお世話になることはほとんどありません。しかしながら、三角関数なしにはゲームは成立しません。本書でも三角関数はいたるところで使用します。ゲームで利用する範囲に限り、できるだけシンプルに説明してゆきます。

2-1 はじめに

　本章の目的は三角関数の基礎を学ぶことです。三角関数は高校数学の範囲なので"難かしそうだなぁ"と感じる人もいるかもしれません。"学校で勉強したけどよくわからなかった"という人もいると思います。本書では基本的な部分しか扱いませんし、実例を用いながら丁寧に説明してゆくので安心してください。

　そもそもなぜ三角関数が必要なのでしょうか？　三角関数は、電気回路の設計、各種信号の解析や処理、情報の圧縮伸長といったいろいろな分野で威力を発揮します。土木測量といった分野にも欠かせません。もちろん、ゲームでも大活躍です。たとえば、画像の回転、立体モデルの回転、反射（入射角＝反射角）の処理など、「角度が関係するところでは三角関数が使われる」と考えてください。

　コンピュータで何かを描画するとき、横方向X、縦方向Yの座標系を使います。小学校から慣れ親しんだX軸Y軸の座標系です。ビリヤードやピンボールといったゲームを考えてみましょう。X方向成分、Y方向成分を設定することで自由な方向へ玉を移動させることができます。直線で動くだけなら話は簡単ですが、いずれ壁や障害物にぶつかることになります。そのときは入射角と反射角を同じにする必要がありますが、この計算をX,Yだけで行うのは大変です。壁が斜めだった場合を想像してみてください。計算は面倒ですよね？

　画像を回転させる場合も同じです。回転角に応じてそれぞれのピクセルの新しい座標を計算する必要がありますが、これもX,Yだけで計算するのは大変です。三角関数や行列を使うとこのような値を簡単に求められます。

2-1-1　X-Y座標系と極座標系

　X-Y座標系ではX値、Y値を使って場所を指定します。小学校のころからなじみがある方眼

紙はX-Y座標系のよい例です。X軸とY軸が直交しているので直交座標系とも呼ばれます。XとYを使えばどんな場所も2つの数値で表現することができます。

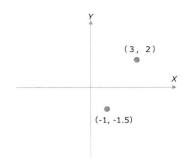

実は、X-Yを使わなくても任意の場所を表現する方法があるのです。想像がつきますか？中心からの距離と角度を使うのです。

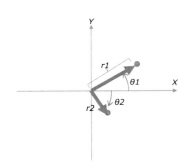

中心からの距離をr、回転角度をθとします。この2つの値を使っても任意の場所を表現することができます。このような座標系を**極座標系**と呼びます。たとえば、X-Y座標系で好きな場所を選んだとします。その場所と原点を結べば距離と角度が一意に決まります。このことからもrとθで任意の場所が表現できることがわかると思います。

突然、rやθといった記号がでてきたので混乱してしまったかもしれません。現時点では「中心角と距離で任意の場所を表現できる」ということだけ押さえておいて下さい。また、「なんでわざわざrとθを使う必要があるんだ？」と疑問に思った人もいるでしょう。角度を扱う場合は、X-Y座標系よりもrとθを使った方がシンプルになることが多いからです。

ここまでX-Y座標系と極座標系という2つの座標系があると説明しました。三角関数を使うとこれらの座標系の変換が簡単にできるようになります。ボールの反射は角度を使うので極座標系で考えたほうがシンプルです。しかし、最終的に描画するためにはX-Y座標

系に変換する必要があります。画面に描画するときに、位置指定はX-Yで行います。たとえば、pygame.draw.line(SURFACE, color, (100, 120), (150, 180))はx:100, y:120からx:150, y:180に線を引きます。SURFACE.blit(image, (x, y))は(x, y)の位置に画像を描画します。描画命令を使って描画するときにはrとθで場所を指定することはできません。そこで三角関数の出番となるのです。

以下の図をご覧ください。半径1の円を描きます。原点から適当な角度で線を引きます。その線と円周の交点からX軸、Y軸へ垂直に線を引きます。Y軸と交わった座標の値が$\sin θ$、X軸と交わった場所の値が$\cos θ$となります。

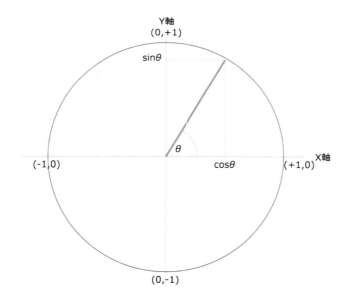

このように、**角度θが決まると、cos θでx軸成分の値を、sin θでy軸成分の値を求めることができる**のです。つまり、cos θとsin θを使うと極座標系からX-Y座標系への変換ができるのです。ゲームにおける三角関数ではここが一番大切な部分です。ここをしっかり押さえておけば、本章のほとんどはカバーできたといってもよいくらいです。

極座標系で表現される値は半径1とは限りません。半径rの場合は、単にcos θとsin θをr倍すればよいだけです。これは以下の図において、2つの三角形が相似関係にあることからもわかると思います。

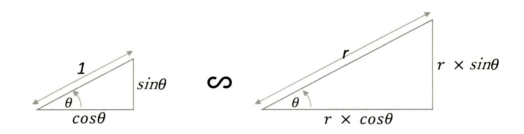

たとえば、サッカーゲームにおいてボールが以下のように32°の方向に速度15の速さで移動していたとします。x座標、y座標どれくらい移動させればよいでしょうか？

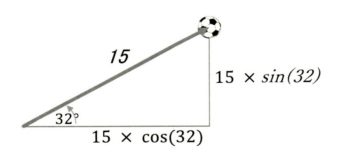

これらの値は三角関数を使うと簡単に求まります。x方向への変化は15×cos(32)、y方向への変化は15×sin(32)です。この値は電卓をつかっても計算できます。

```
15 × cos(32) ≒ 12.7
15 × sin(32) ≒ 7.9
```

中心角θが変化したときにsin/cosの値がどうなるか、例をいくつか見てみましょう。

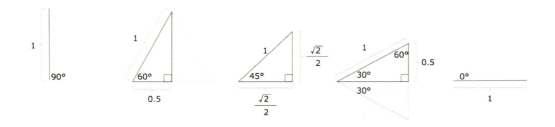

角度 θ	90°	60°	45°	30°	0°
sin θ	1	0.5 × √3	√2 / 2	0.5	0
cos θ	0	0.5	√2 / 2	0.5 × √3	1

　0°、30°、45°、60°、90°といった区切りのよい角度の場合、上の図からわかるようにsin/cosの値は簡単に求めることができます。それ以外の角度の場合、プログラミングで求めなくてはなりません。幸いほとんどの言語でsin/cosを求めるための関数が用意されています。Pythonの場合は、Mathモジュールのsin()、cos()といった関数を使用します。

　以下は中心角とsin/cosの値を表示するプログラムです。

●ファイル：trig_function0.py

```python
""" trig_function0.py """
import sys
from math import sin, cos, radians
import pygame
from pygame.locals import Rect, QUIT, \
    MOUSEMOTION, MOUSEBUTTONDOWN, MOUSEBUTTONUP


pygame.init()
SURFACE = pygame.display.set_mode((400, 450))
FPSCLOCK = pygame.time.Clock()

class Slider:
    "スライダウィジェット"
    def __init__(self, rect, min_value, max_value, value):
        self.rect = rect
        self.slider_rect = rect.copy()
```

```python
        self.slider_rect.inflate_ip(-20, -20)
        self.knob_rect = rect.copy()
        self.knob_rect.move_ip(10, 0)
        self.knob_rect.width = 4
        self.min_value = min_value
        self.max_value = max_value
        self.value = value

    def draw(self):
        """ スライダを描画 """
        pygame.draw.rect(SURFACE, (225, 225, 225), self.rect)
        pygame.draw.rect(SURFACE, (64, 64, 128), self.slider_rect)
        pygame.draw.rect(SURFACE, (0, 0, 255), self.knob_rect)

    def set_pos(self, xpos):
        """ スライダ値を設定 """
        xpos = max(self.slider_rect.left,
                   min(self.slider_rect.right, xpos))
        ypos = self.knob_rect.center[1]
        self.knob_rect.center = (xpos, ypos)

    def get_value(self):
        """ スライダ値を取得 """
        ratio = (self.knob_rect.center[0] - self.slider_rect.left)\
                / self.slider_rect.width
        return (self.max_value - self.min_value) * ratio\
               + self.min_value

def main():
    """ メインルーチン """
    sysfont = pygame.font.SysFont(None, 24)
    slider = Slider(Rect(20, 410, 360, 35), 0, 360, 0)
    mouse_down = False
    while True:
```

第 2 章 〈基礎編 − 2〉三角関数　35

```python
        for event in pygame.event.get():
            if event.type == QUIT:
                pygame.quit()
                sys.exit()
            elif event.type == MOUSEMOTION:
                if mouse_down and \
                    slider.rect.collidepoint(event.pos):
                        slider.set_pos(event.pos[0])
            elif event.type == MOUSEBUTTONDOWN:
                mouse_down = True
            elif event.type == MOUSEBUTTONUP:
                mouse_down = False


    SURFACE.fill((255, 255, 255))
    slider.draw()


    for index in range(0, 400, 10):
        pygame.draw.line(SURFACE, (225, 225, 225),
                            (0, index), (400, index))
        pygame.draw.line(SURFACE, (225, 225, 225),
                            (index, 0), (index, 400))
    pygame.draw.line(SURFACE, (0, 0, 0), (0, 200), (400, 200))
    pygame.draw.line(SURFACE, (0, 0, 0), (200, 0), (200, 400))
    pygame.draw.circle(SURFACE, (255, 0, 0), (200, 200), 150,
2)


    theta = slider.get_value()
    cos_v = round(cos(radians(theta)), 3)
    sin_v = round(sin(radians(theta)), 3)
    xpos = cos_v * 150 + 200
    ypos = sin_v * -150 + 200
    pygame.draw.line(SURFACE, (0, 0, 192),
                        (xpos, ypos), (xpos, 200))
    pygame.draw.line(SURFACE, (0, 192, 0),
```

```
                        (xpos, ypos), (200, ypos))
        pygame.draw.line(SURFACE, (192, 0, 0),
                        (xpos, ypos), (200, 200))

        bmp = sysfont.render("cos:{}".format(cos_v),
                        True, (0, 0, 192))
        SURFACE.blit(bmp, (xpos, 200))
        bmp = sysfont.render("sin:{}".format(sin_v),
                        True, (0, 192, 0))
        SURFACE.blit(bmp, (200, ypos))

        pygame.display.update()
        FPSCLOCK.tick(10)

if __name__ == '__main__':
    main()
```

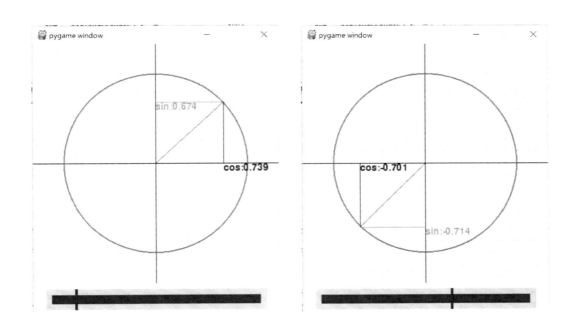

　今の段階ではプログラムの内容を理解できなくても構いません。ただ、プログラムを入力・実行して、中心角とsin/cosの関係がどうなっているかしっかりと把握してください。

2-1-2　角度とラジアン

　日本ではメートル法が使われています。アメリカではヤード・ポンド法が使われています。たとえば1ヤードは0.9144mとなります。同じ長さや重さを表すのに単位が複数あると混乱しますよね。実は角度の世界にも似たような話があります。

　小学校で「1周は360°」と習ったと思います。"なぜ360？"と思ったことはありませんか。360なら2, 3, 4, 5, ……といろいろな数で等分するのに都合がよいから、1年の日数がほぼ360日だったから、などの説があるそうです。ともあれ、1周を360°とする考え方を**度数法**と呼びます。しかしながら、コンピュータの世界では1周を2×πとする**弧度法**が使われます。弧度法で使う単位のことをラジアンといいます。度とラジアンの対応を90°ごとに見てみます。

度	0	90	180	270	360
ラジアン	0	0.5π	π	1.5π	2π

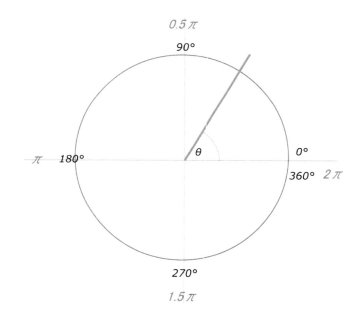

　1周（360°）が2πラジアンなので、度からラジアンへの変換式は以下の式で表されます。

$$\text{ラジアン} = \frac{2 \times \pi \times \text{度}}{360} = \frac{\pi \times \text{度}}{180}$$

度の部分に180や360といった値を代入してください。上の表の値になることが分かります。前の例で角度からsin/cosの値を求めるときは以下のように計算していました。

```
cos_v = round(cos(radians(theta)), 3)
sin_v = round(sin(radians(theta)), 3)
```

　Pythonのsin/cosは引数に角度をとりますが、その単位はラジアンと決められています。そこで、sin/cosの引数をradians(theta)のようにradians関数をつかってラジアンに変換していたのです。roundは小数点以下を丸める命令です。今回は小数点以下3桁にしています。

　10年以上も親しんできた度数法から急にラジアンに頭を切り替えるのも大変です。いきなり靴のサイズをインチで聞かれても答えられないのと同じです。Pythonでsin/cosの値を求めるときには「radians関数を使って単位を変換する」と覚えておけばよいでしょう。

2-1-3　サイン、コサインカーブ

　ラジアンとsin/cosが分かったところでサインカーブを実際に描画してみましょう。中心角を横軸にとり、sinθの値を縦軸にとります。下の図の円とグラフを見比べながら読み進めてください。グラフのx軸（θ）を原点から右方向に見てゆきます。中心角が0のときsinθも0です。中心角が増えるにつれsinθも増え、角度が0.5π（＝90°）のとき最大の1となります。そのあと、sinθは減少してゆき、中心角がπのときに0に、中心角が1.5πになったときに-1となります。その後増加に転じ2πでもとの0に戻ります。このように0～2πが1周期で、あとはこれを繰り返してゆきます。

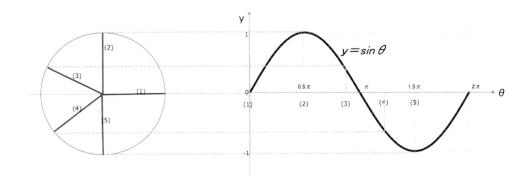

　この様子は実際に動いているプログラムを見るとわかりやすいかもしれません。以下のプログラムを実行すると、中心角の移動に応じてsin/cosカーブがアニメーションで描画されます。

●ファイル：trig_function1.py
```python
""" trig_function1.py """
import sys
from math import sin, cos, radians
import pygame
from pygame.locals import QUIT

pygame.init()
SURFACE = pygame.display.set_mode((600, 600))
FPSCLOCK = pygame.time.Clock()

def main():
    """ メインルーチン """
    theta = 0

    while True:
```

```python
        for event in pygame.event.get():
            if event.type == QUIT:
                pygame.quit()
                sys.exit()

        SURFACE.fill((255, 255, 255))

        pygame.draw.line(SURFACE, (0, 0, 0), (100, 0), (100, 600))
        pygame.draw.line(SURFACE, (0, 0, 0), (0, 100), (600, 100))
        pygame.draw.circle(SURFACE, (255, 0, 0), (100, 100), 70, 1)

        theta += 3
        cos_v = cos(radians(theta)) * 70
        sin_v = sin(radians(theta)) * 70
        pygame.draw.line(SURFACE, (255, 0, 0),
                        (100, 100), (100+cos_v, 100-sin_v))
        pygame.draw.line(SURFACE, (0, 0, 255),
                        (100+cos_v, 100-sin_v), (100+cos_v, 100))
        pygame.draw.line(SURFACE, (0, 255, 0),
                        (100+cos_v, 100-sin_v), (100, 100-sin_v))

        xpoints, ypoints = [], []
        for index in range(0, 500):
            xpoints.append(
                (index+100, -sin(radians(theta+index))*70+100))
            ypoints.append(
                (cos(radians(theta+index))*70+100, index+100))
        pygame.draw.aalines(SURFACE, (0, 255, 0), False, xpoints)
        pygame.draw.aalines(SURFACE, (0, 0, 255), False, ypoints)
        pygame.display.update()
        FPSCLOCK.tick(20)


if __name__ == '__main__':
    main()
```

第2章　〈基礎編－2〉三角関数

コードは若干長めですがサインカーブの描画に関連するのは以下の箇所だけです。メインループで中心角thetaを増加させ、sin/cosの値を求めます。

```
theta += 3
cos_v = cos(radians(theta)) * 70
sin_v = sin(radians(theta)) * 70
```

sin/cosカーブの線を描くコードは以下の通りです。

```
xpoints, ypoints = [], []
for index in range(0, 500):
    xpoints.append(
        (index+100, -sin(radians(theta+index))*70+100))
    ypoints.append(
        (cos(radians(theta+index))*70+100, index+100))
pygame.draw.aalines(SURFACE, (0, 255, 0), False, xpoints)
pygame.draw.aalines(SURFACE, (0, 0, 255), False, ypoints)
```

まず、thetaが0のときを考えてみます。for文でindexが0〜500まで変化するので、(theta+index)はtheta〜theta +500まで変化することになります。その値をラジアンに変換し、sin()でサインの値を求めています。このままでは変化幅が-1から+1と小さく、描画しても見た目がわからないので、70を掛けています。cosも同様です。このように座標をもとめたら、それぞれを配列xpointsとypointsに格納します。あとはpygame.draw.aalines()メソッドを使えば、これらの座標を結んだきれいなサインカーブが描画されます。

以下はthetaが0のときの様子です。

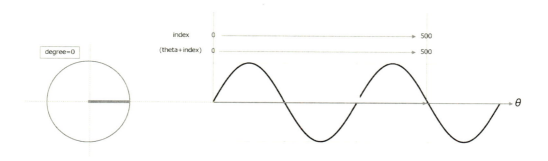

次に多少時間が経過してthetaが45になったときを見てみましょう。

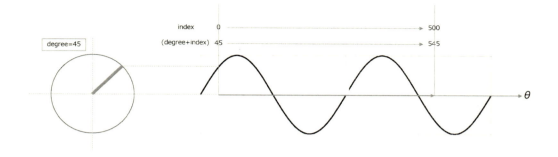

　処理内容は前と同じです。(theta + index)が45〜545まで変化することになります。これにより、サインの値が0ではなく、多少大きな値から開始されることになります。その結果として波全体が左にシフトしたようになります。
　今回のサンプルではコサインを使ったカーブも縦方向に描画してみました。コードの内容はサインのときとほとんど同じなので説明は省略します。

2-1-4　波の足し算

　サインカーブの別の例を作ってみました。

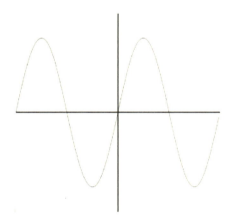

●ファイル：trig_function2.py

```
""" trig_function2.py """
import sys
from math import sin, radians
import pygame
from pygame.locals import QUIT
```

```python
pygame.init()
SURFACE = pygame.display.set_mode((800, 800))
FPSCLOCK = pygame.time.Clock()


def main():
    """ メインルーチン """
    while True:
        for event in pygame.event.get():
            if event.type == QUIT:
                pygame.quit()
                sys.exit()

        SURFACE.fill((255, 255, 255))

        pygame.draw.line(SURFACE, (0, 0, 255),
                         (0, 400), (800, 400), 2)
        pygame.draw.line(SURFACE, (0, 0, 255),
                         (400, 0), (400, 800), 2)

        lines = []
        for theta in range(-360, 360):
            xpos = 800 * (theta+360) / 720
            ypos = sin(radians(theta)) * -400 + 400
            lines.append((xpos, ypos))
        pygame.draw.aalines(SURFACE, (0, 0, 0), False, lines)
        pygame.display.update()
        FPSCLOCK.tick(1)

if __name__ == '__main__':
    main()
```

サインカーブを描いている個所は以下の通りです。

```python
        for theta in range(-360, 360):
            xpos = 800 * (theta+360) / 720
```

44 | 第2章 〈基礎編 − 2〉三角関数

```
    ypos = sin(radians(theta)) * -400 + 400
    lines.append((xpos, ypos))
```

for文を使って、-2π（-360度）から2π（360度）まで、つまり2周期分変化させています。グラフにプロットするx,y座標の値は以下のコードで計算しています。

```
xpos = 800 * (theta+360) / 720
ypos = sin(radians(theta)) * -400 + 400
```

xの値の計算はすこしわかりづらいかもしれません。thetaは-360から360まで、合計720の幅を変化しますが、その範囲が画面の幅800にあうように800を掛けて720で割っています。一方、yの値を計算するときには-400といった負の数を掛けたり、400を足したりしています。学校で習った座標系は中心が原点でY軸は上がプラスでした。一方、パソコンの世界では画面左上が原点でY軸は下がプラスです。よって、若干の変換が必要となるのです。

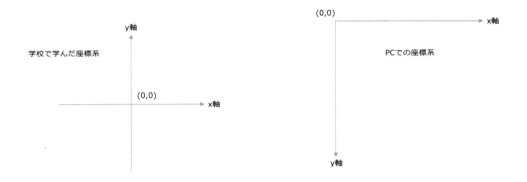

サインカーブは足し算をすると面白い結果になります。for文の中を以下のように書き換えてみます。

●サインカーブを加減したサンプル1：
```
for theta in range(-360, 360):
    xpos = 800 * (theta+360) / 720
    ypos = (sin(radians(theta)) + \
            sin(radians(theta*2))) * -200 + 400
    lines.append((xpos, ypos))
```

●サインカーブを加減したサンプル1の結果：

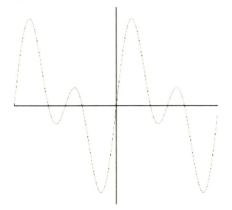

●サインカーブを加減したサンプル2：
```
for theta in range(-360, 360):
    xpos = 800 * (theta+360) / 720
    ypos = (sin(radians(theta)) * -2 \
            + sin(radians(theta * 2)) \
            - sin(radians(theta * 3)) \
            + +sin(radians(theta * 4))) / 2
    ypos = ypos * -200 + 400
    lines.append((xpos, ypos))
```

●サインカーブを加減したサンプル2の結果：

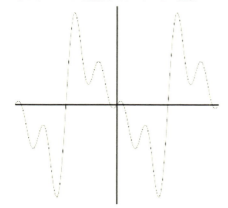

2-2　サインカーブを使ったサンプル

サインカーブにも慣れてきたと思うので、いくつかサンプルを見てみましょう。

2-2-1　A boat on waves

波をサインカーブで表現し、そのうえにボートを浮かべてみました。

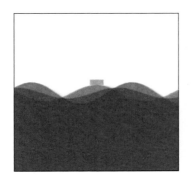 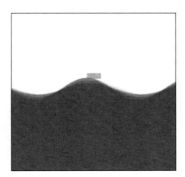

●ファイル：trig_boat.py

```
""" trig_boat.py """
import sys
from math import sin, radians
import pygame
from pygame.locals import QUIT, Rect

pygame.init()
SURFACE = pygame.display.set_mode((600, 600))
FPSCLOCK = pygame.time.Clock()

def paint_wave(surface, theta, amplitude, color):
    """ paint the wave and returns the ypos of the boat """
    boat_y = 0
    points = [(0, 600)]
    for x_pos in range(0, 620, 20):
```

```python
        y_pos = sin(radians(x_pos + theta)) * amplitude + 300
        points.append((x_pos, y_pos))
        if x_pos == 300:
            boat_y = y_pos
    points.append((600, 600))
    surface.fill((255, 255, 255))
    pygame.draw.polygon(surface, color, points)
    SURFACE.blit(surface, (0, 0))
    return boat_y


def main():
    """ メインルーチン """
    theta = 0
    surfaces = [pygame.Surface((800, 800)) for _ in range(3)]
    for surface in surfaces:
        surface.set_alpha(96)
    while True:
        for event in pygame.event.get():
            if event.type == QUIT:
                pygame.quit()
                sys.exit()

        SURFACE.fill((255, 255, 255))
        theta += 1
        ypos_0 = paint_wave(surfaces[0], theta,
                            40, (0, 0, 255))
        ypos_1 = paint_wave(surfaces[1], theta * 2.5,
                            30, (0, 0, 225))
        ypos_2 = paint_wave(surfaces[2], theta * 3.0,
                            20, (30, 0, 200))
        y_pos = min(ypos_0, min(ypos_1, ypos_2))

        pygame.draw.rect(SURFACE, (0, 128, 0),
                         Rect(275, y_pos-20, 50, 20))
```

```
        pygame.display.update()
        FPSCLOCK.tick(30)

if __name__ == '__main__':
    main()
```

3つの波を重ねて描画しています。それぞれの波を半透明で描画するため、以下のコードでSurfaceオブジェクトを3つ作成し、それぞれに対してset_alpha()メソッドを呼びだして透明度を設定しています。

```
surfaces = [pygame.Surface((800, 800)) for _ in range(3)]
for surface in surfaces:
    surface.set_alpha(96)
```

メインループでは、「SURFACE.fill((255, 255, 255))」で画面全体を白でクリアしています。そのあと、paint_wave()関数を使って波を3つ描画しています。paint_wave()関数は引数を4つとります。surfaceは描画対象、thetaは描画を開始するときの中心角（どのくらい波をずらすか）、amplitudeは振幅（波の高さ）、colorは波の色です。変数boat_yはX軸の座標が300のときのY座標の値です。ボートの高さを求めるために使います。

このようにsin()を使うときれいなカーブが簡単に描画できることが分かったと思います。シンプルなプログラムですが、波の上にボートが浮かんでいるように見えないでしょうか。振幅や位相をいろいろ変化させ、どのように描画が変わるか確認してみてください。

2-2-2　Snow

サインカーブを使って静かに降っている雪を表現してみました。

●ファイル：trig_snow.py

```python
""" trig_snow.py - Copyright 2016 Kenichiro Tanaka """
import sys
from math import sin
from random import uniform, random
import pygame
from pygame.locals import QUIT, Rect


pygame.init()
SURFACE = pygame.display.set_mode([600, 600])
FPSCLOCK = pygame.time.Clock()


class Snow():
    """ snow flake object """
    def __init__(self):
        self.xpos = uniform(0, 600)
        self.ypos = -10
        self.drift = random()
        self.speed = uniform(0, 5) + 1
        self.width = uniform(0, 3) + 2
        self.height = self.width
        self.theta = uniform(0, 100)
        self.radius = uniform(0, 10) + 3


    def draw(self):
        """ draw this snow flake """
        x_offset = sin(self.theta) * self.radius
        rect = Rect(self.xpos + x_offset, self.ypos,
                    self.width, self.height)
        color = int(self.width / 5 * 225)
        pygame.draw.ellipse(SURFACE, (color, color, color), rect)


    def move(self):
        """ move this snow flake """
```

50 　第 2 章 〈基礎編 − 2〉三角関数

```python
            self.ypos += self.speed
            if self.ypos > 600:
                self.ypos = -5
            self.xpos += self.drift
            if self.xpos > 600:
                self.xpos = 0
            self.theta += 0.1


def main():
    """ main routine """
    counter = 0
    snows = []
    background = pygame.image.load("picture1.jpg")
    background = background.convert()
    background.set_alpha(64)

    while True:
        for event in pygame.event.get():
            if event.type == QUIT:
                pygame.quit()
                sys.exit()

        counter += 1
        if counter % 10 == 0 and len(snows) < 100:
            snows.append(Snow())
        for snow in snows:
            snow.move()

        SURFACE.fill((0, 0, 0))
        SURFACE.blit(background, (0, 0))
        for snow in snows:
            snow.draw()

        pygame.display.update()
```

第 2 章 〈基礎編 − 2〉三角関数 | 51

```
            FPSCLOCK.tick(15)

if __name__ == '__main__':
    main()
```

　乱数を使って小さな白い円を上から落としています。ただそれだけですが雪が降っているように見えないでしょうか。雪片はオブジェクトとして実装しています。

```
class Snow():
    """ snow flake object """
    def __init__(self):
        self.xpos = uniform(0, 600)
        self.ypos = -10
        self.drift = random()
        self.speed = uniform(0, 5) + 1
        self.width = uniform(0, 3) + 2
        self.height = self.width
        self.theta = uniform(0, 100)
        self.radius = uniform(0, 10) + 3
```

　xpos値は0から600までの乱数、yposは-10で初期化しています。driftは一定方向に少しずつ動くための値です。speedは落下速度、widthとheightは雪片の大きさです。thetaはサインカーブを描くための中心角、radiusは左右に動く振幅です。

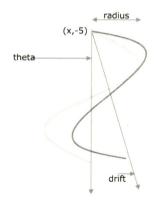

　雪が徐々に増えるようcounterが10増えるたびに雪片を追加しています。

```python
        counter += 1
        if counter % 10 == 0 and len(snows) < 100:
            snows.append(Snow())
......
```

雪片は100個を超えるまで追加しています。FPSCLOCK.tick(15)とあるのでメインループは1秒間に15回呼び出されます。雪片の移動は以下のメソッドで行います。

```python
def move(self):
    """ move this snow flake """
    self.ypos += self.speed
    if self.ypos > 600:
        self.ypos = -5
    self.xpos += self.drift
    if self.xpos > 600:
        self.xpos = 0
    self.theta += 0.1
```

それぞれの雪片について、y軸方向にスピードspeedを追加し、その値が600を超えたらまた画面の上端に来るように-5を設定しています。同様にx軸方向にはdriftを追加し、これも600を超えたら画面左端に来るよう0を代入しています。雪片の振れを実装するためthetaを少しずつ増やしています。

雪の描画は以下のdraw ()メソッドで行います。

```python
def draw(self):
    """ draw this snow flake """
    x_offset = sin(self.theta) * self.radius
    rect = Rect(self.xpos + x_offset, self.ypos, self.width,
self.height)
    color = int(self.width / 5 * 225)
    pygame.draw.ellipse(SURFACE, (color, color, color), rect)
```

雪片の描画はellipseで円を描画しているだけです、x軸にサインカーブを加えていることに注意してください。

2-2-3　Fireworks

sin/cosを使った別の例として花火を作ってみました。夜空にたくさんの花火が打ち上げら

れてゆく様子は見ているだけでもそれなりに面白いと思います。

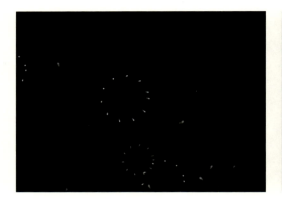 

●ファイル：trig_firework.py

```
""" trig_firework.py - Copyright 2016 Kenichiro Tanaka """
import sys
from math import sin, cos, radians
from random import randint
import pygame
from pygame.locals import QUIT

pygame.init()
SURFACE = pygame.display.set_mode((800, 600))
FPSCLOCK = pygame.time.Clock()

class Firework():
    """ Firework object """
    def __init__(self, radius, color):
        self.radius = radius
        self.color = color
        self.initialize()

    def initialize(self):
        """ initialize the firework """
        self.count = 0
        self.scale = 0
```

```python
        self.pos = [randint(0, 800), randint(0, 20) + 600]
        self.speed = [randint(-3, 3), randint(-10, -2)]

    def move(self):
        """ move this firework """
        self.pos[0] += self.speed[0]
        self.pos[1] += self.speed[1]
        self.speed[0] /= 1.01
        self.speed[1] += 0.1

    def draw(self):
        """ draw this firework """
        if self.speed[1] < -1:
            posint = (int(self.pos[0]), int(self.pos[1]))
            pygame.draw.circle(SURFACE, self.color, posint, 1)
        else:
            self.count += 1
            for _ in range(4):
                self.scale += 0.06 / self.count
                rad = self.radius * self.scale
                for theta in range(0, 360, 36):
                    pos = (int(cos(radians(theta)) * rad \
                               + self.pos[0]),
                          int(sin(radians(theta)) * rad \
                               + self.pos[1]))
                    pygame.draw.circle(SURFACE, self.color, pos, 2)

            if self.count > 30:
                self.initialize()

def main():
    """ main routine """
    fires = []
    colors = ((255, 0, 0), (255, 255, 0), (225, 225, 225), \
```

第2章　〈基礎編 – 2〉三角関数 ｜ 55

```python
        (255, 0, 255), (0, 255, 0), (128, 128, 255), (0, 255, 255))
    SURFACE.set_alpha(128)

    for index in range(14):
        fires.append(
            Firework(randint(0, 60) + 60, colors[index % 7]))

    while True:
        for event in pygame.event.get():
            if event.type == QUIT:
                pygame.quit()
                sys.exit()

        for fire in fires:
            fire.move()

        surface = pygame.Surface((800, 600))
        surface.set_alpha(96)
        surface.fill((0, 0, 0))
        SURFACE.blit(surface, (0, 0))

        for fire in fires:
            fire.draw()

        pygame.display.update()
        FPSCLOCK.tick(10)

if __name__ == '__main__':
    main()
```

　このプログラムもコードを短くするためにオブジェクトを利用しました。sin/cosや速度・加速度に関するところに注目してください。

　main()関数の中で「SURFACE.set_alpha(128)」としていますが、これは花火の軌跡を表示するためのものです。半透明の画像を描画することで徐々に消えてゆく様子を表現してい

56 ｜ 第2章 〈基礎編 − 2〉三角関数

ます。

　一つ一つの花火をFireworkオブジェクトとして実装しています。main()関数の中の以下のコードでこれらオブジェクトを作成しています。

```python
for index in range(14):
    fires.append(Firework(randint(0, 60) + 60, colors[index %
7]))
```

　オブジェクトの初期化部分が以下のコードです。発射時の座標をposで、初速度をspeedというメンバ変数で管理しています。X座標は幅widthの範囲から乱数で、Y座標は画面下端であるheightに乱数を加えて発射位置を若干変化させています。X方向の初速度speed[0]は-3から3の範囲で、Y方向の初速度speed[1]は-2から-10の範囲で乱数を使って初期化しています。

```python
def initialize(self):
    """ initialize the firework """
    self.count = 0
    self.scale = 0
    self.pos = [randint(0, 800), randint(0, 20) + 600]
    self.speed = [randint(-3, 3), randint(-10, -2)]
```

　打ち上げ時には上方向に発射されるためYの初速度は必ずマイナス（画面上向き方向）になるようにしています。

　花火を動かすために以下のコードが一定間隔で呼び出されます。[0]がX軸方向、[1]がY軸方向です。

```python
def move(self):
    """ move this firework """
    self.pos[0] += self.speed[0]
    self.pos[1] += self.speed[1]
    self.speed[0] /= 1.01
    self.speed[1] += 0.1
```

　現在の座標posに速度speedを加えて新しい座標を計算しています。これは「距離＝速度×時間」の節で説明した通りです。次に速度を変化させています。Y方向には重力が働いているので一定の値0.1を加えています。X方向は徐々にスピードが落ちて行く様子を表現するため1.01で割り算をしています。1より大きい数で割るのでspeed[0]は徐々に小さくなってゆきます。

　draw()は少し難しいかもしれません。まず、全体が大きなif文で構成されています。

第2章　〈基礎編－2〉三角関数　　57

speed[1]が-1より小さい（負）ということは、ある程度の勢いで上方向に上昇している
ということになります。よって、(self.speed[1] < -1)が成立するときは単に円を描画す
るだけです。

```python
def draw(self):
    """ draw this firework """
    if self.speed[1] < -1:# 上昇中の描画
        ......
    else:     # 爆発時の描画
        ......
```

爆発時の処理を見てゆきましょう。

```python
        self.count += 1
        for _tick in range(4):
            self.scale += 0.06 / self.count
            rad = self.radius * self.scale
            for theta in range(0, 360, 36):
                pos = int(cos(radians(theta)) * rad + self.pos[0]),\
                      int(sin(radians(theta)) * rad + self.pos[1])
                pygame.draw.circle(SURFACE, self.color, pos, 2)

        if self.count > 30:
            self.initialize()
```

countは爆発の状態を管理するカウンタです。外側のfor文は花火の輪を4重に描くための
もので、内側のfor文は1周分の火花を描くためのものです。

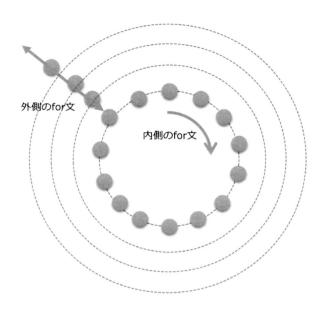

scaleとcountの関係もわかりづらいと思ったので表にしてみました。

count	1				2				3			
0.06/count	0.06				0.03				0.02			
_tick	1	2	3	4	1	2	3	4	1	2	3	4
scale	0.06	0.12	0.18	0.24	0.27	0.30	0.33	0.36	0.38	0.40	0.42	0.44

　花火は爆発直後には強い勢いで広がりますが、徐々にそのスピードは落ちてゆきます。ある数（今回は0.06）をカウンタで割ると、その数値はカウンタが増えるにつれ0.06→0.03→0.02と小さくなってゆきます。これを増分として積み重ねてゆくことで花火が広がる様子を表現しています。デバッガを使って、これらの変数が変化する様子を見てゆくと理解が深まると思います。

　花火が急に広がる様子は計算式が難しかったかもしれません。無理に理解する必要はありません。ここで注目してほしいのは以下のコードです。

```
for theta in range(0, 360, 36):
    pos = int(cos(radians(theta)) * rad + self.pos[0]),\
          int(sin(radians(theta)) * rad + self.pos[1])
```

　1周分for文を回しています。中心の角度iを36度ずつ増やしながら、x軸方向の座標、y軸

方向の座標を求めています。これを繰り返すことで同心円状に広がる花火を描画しています。

3

第 3 章 〈基礎編 – 3〉ベクトル

●

学校でベクトルを学習した人は、ベクトルが何の役に立つのか具
体的なイメージを描きにくかったのではないでしょうか。物理エ
ンジンの計算や 3D の描画はベクトルなしには実装できません。シ
ンプルな掛け算と足し算をするだけで、衝突角が求められたり、面
の向きが求められたりと、とても便利です。まさに手品のトリッ
クの中核をなす部分です。本章は基礎的な内容が中心になるため
若干面白味に欠けるかもしれませんが、後の応用例のベースとな
る内容なので、ぜひしっかりと把握してください。

3-1　ベクトルの基礎

　ベクトルとは向きと大きさを持った量のことです。天気予報の風の向き（東北東3m/秒）、投手の投げる球（北方向に150km/時）、落下するリンゴ（下向き1m/秒）、これらは全てベクトルで表現できます。ちなみに、テストの点数、体重、身長といった1つの数値だけで表される量をスカラーと呼びます。ゲームで衝突判定や反射角の計算をするときにベクトルの計算が必要になります。ベクトルは高校数学の代数幾何で学習する内容ですが、本書で扱うのは基本的な部分だけなのでご安心ください。

3-1-1　ベクトルの足し算

　ベクトルは向きと大きさを持った量と説明しました。2次元の座標系においては、始点と終点で表現することができます。

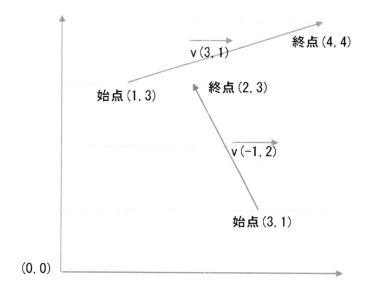

　たとえば上の図には2つのベクトルが表現されています。ベクトルであることを明確にしたい場合、上に横矢印を描画するのが一般的です。

	始点	終点	ベクトル
例1	(1,3)	(4,4)	(3,1)
例2	(3,1)	(2,3)	(-1,2)

このように2次元の座標系におけるベクトルは「(x軸方向の増分、y軸方向の増分)」として表現されます。例1の場合、

・x軸方向の増分　＝　終点x座標　－　始点x座標　＝　4-1　＝3

・y軸方向の増分　＝　終点y座標　－　始点y座標　＝　4-3　＝1

となるので、ベクトル成分は(3,1)となります。

　説明の便宜上、始点と終点を使ってベクトルの説明をしましたが、本来ベクトルとは向きと大きさという情報しか持ちません。上記の例1では始点が(1,3)である(3,1)のベクトルとなっていますが、x軸の増分が3、y軸の増分が1であれば、それはどの場所にあっても(3,1)のベクトルとなります。

　ベクトルの足し算は簡単です。それぞれのベクトルのx成分、y成分を足し算するだけです。たとえば、ベクトル(1,2)と(3,1)の加算は以下のようになります。

(1,2)+(3,1)=(4,3)

　　x成分の加算：1+3=4

　　y成分の加算：2+1=3

　これは座標系でのベクトルの様子を見てみるとよくわかります。

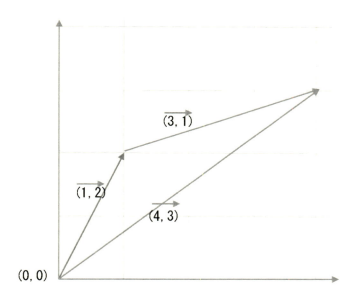

2つのベクトルを加算するサンプルです。

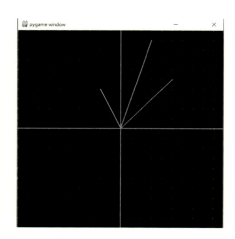

2か所クリックしてください。原点からそれらの座標のベクトルを求め、2つのベクトルを足した結果（紫）を表示します。

●ファイル：vector_add.py

```
""" vector_add.py sample """
import sys
from math import floor
```

```python
import pygame
from pygame.locals import QUIT, MOUSEBUTTONDOWN

pygame.init()
SURFACE = pygame.display.set_mode((500, 500))
FPSCLOCK = pygame.time.Clock()

def main():
    """ main routine """
    count = 0
    pos0 = (0, 0)
    pos1 = (0, 0)

    while True:
        for event in pygame.event.get():
            if event.type == QUIT:
                pygame.quit()
                sys.exit()
            elif event.type == MOUSEBUTTONDOWN:
                xpos = floor((event.pos[0] - 240) / 25)
                ypos = floor((event.pos[1] - 240) / 25)
                if count % 2 == 0:
                    pos0 = (xpos, ypos)
                    pos1 = (0, 0)
                else:
                    pos1 = (xpos, ypos)
                count += 1

        # Paint
        SURFACE.fill((0, 0, 0))
        for ypos in range(0, 500, 25):
            for xpos in range(0, 500, 25):
                pygame.draw.ellipse(SURFACE, (64, 64, 64),
                                    (xpos, ypos, 2, 2))
```

第3章 〈基礎編 − 3〉ベクトル 65

```python
        pygame.draw.line(SURFACE, (255, 0, 0),
                         (250, 0), (250, 500), 3)
        pygame.draw.line(SURFACE, (255, 0, 0),
                         (0, 250), (500, 250), 3)

        coord0 = pos0[0] * 25 + 250, pos0[1] * 25 + 250
        pygame.draw.line(SURFACE, (0, 255, 0),
                         (250, 250), coord0, 2)

        coord1 = pos1[0] * 25 + 250, pos1[1] * 25 + 250
        pygame.draw.line(SURFACE, (0, 255, 255),
                         (250, 250), coord1, 2)

        coord2 = ((pos0[0] + pos1[0]) * 25 + 250,
                  (pos0[1] + pos1[1]) * 25 + 250)
        pygame.draw.line(SURFACE, (255, 0, 255),
                         (250, 250), coord2, 3)

        pygame.display.update()
        FPSCLOCK.tick(10)

if __name__ == '__main__':
    main()
```

3-1-2　ベクトルの掛算

　ベクトルの掛算とは、x成分、y成分、両方に同じ数を掛けることです。(2,1)というベクトルを2倍すると(4,2)になります。0.5倍すると(1,0.5)になります。また、正規化とは、向きはそのままで、長さを1にすることを言い、長さが1のベクトルを単位ベクトルと言います。これもベクトルの掛け算で求められます。

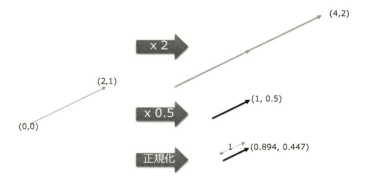

ベクトルをn倍するサンプルです。画面下部のスライダーで倍率を変化させます。

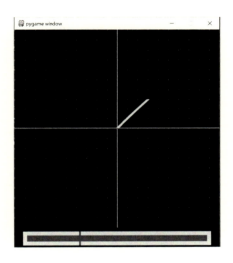

●ファイル：vector_mul.py

```python
""" vector_mul.py sample """
import sys
from math import floor
import pygame
from pygame.locals import Rect, QUIT, MOUSEBUTTONDOWN


pygame.init()
SURFACE = pygame.display.set_mode((500, 550))
FPSCLOCK = pygame.time.Clock()
```

```python
class Slider:
    "スライダウィジェット"
    def __init__(self, rect, min_value, max_value, value):
        self.rect = rect
        self.slider_rect = rect.copy()
        self.slider_rect.inflate_ip(-20, -20)
        self.knob_rect = rect.copy()
        self.knob_rect.move_ip(10, 0)
        self.knob_rect.width = 4
        self.min_value = min_value
        self.max_value = max_value
        self.value = value

    def draw(self):
        """ スライダを描画 """
        pygame.draw.rect(SURFACE, (225, 225, 225), self.rect)
        pygame.draw.rect(SURFACE, (64, 64, 128), self.slider_rect)
        pygame.draw.rect(SURFACE, (0, 0, 255), self.knob_rect)

    def set_pos(self, xpos):
        """ スライダ値を設定 """
        xpos = max(self.slider_rect.left,
                   min(self.slider_rect.right, xpos))
        ypos = self.knob_rect.center[1]
        self.knob_rect.center = (xpos, ypos)

    def get_value(self):
        """ スライダ値を取得 """
        ratio = (self.knob_rect.center[0] - self.slider_rect.left)\
                / self.slider_rect.width
        return (self.max_value - self.min_value) * ratio\
               + self.min_value


def main():
```

68 　第3章 〈基礎編 − 3〉 ベクトル

```python
""" main routine """
pos0 = (0, 0)
pos1 = [0, 0]
slider = Slider(Rect(20, 510, 460, 35), -3, 3, 0)

while True:
    for event in pygame.event.get():
        if event.type == QUIT:
            pygame.quit()
            sys.exit()
        elif event.type == MOUSEBUTTONDOWN:
            if slider.rect.collidepoint(event.pos):
                slider.set_pos(event.pos[0])
            else:
                xpos = floor((event.pos[0] - 240) / 25)
                ypos = floor((event.pos[1] - 240) / 25)
                pos0 = (xpos, ypos)

    # Paint
    SURFACE.fill((0, 0, 0))
    slider.draw()

    for ypos in range(0, 500, 25):
        for xpos in range(0, 500, 25):
            pygame.draw.ellipse(SURFACE, (64, 64, 64),
                                (xpos, ypos, 2, 2))
    pygame.draw.line(SURFACE, (255, 0, 0),
                     (250, 0), (250, 500), 3)
    pygame.draw.line(SURFACE, (255, 0, 0),
                     (0, 250), (500, 250), 3)

    coord0 = pos0[0] * 25 + 250, pos0[1] * 25 + 250
    pygame.draw.line(SURFACE, (0, 255, 0),
                     (250, 250), coord0, 8)
```

第3章 〈基礎編−3〉ベクトル　69

```
            pos1[0] = pos0[0] * slider.get_value()
            pos1[1] = pos0[1] * slider.get_value()


            coord1 = pos1[0] * 25 + 250, pos1[1] * 25 + 250
            pygame.draw.line(SURFACE, (0, 0, 255),
                             (250, 250), coord1, 2)

            pygame.display.update()
            FPSCLOCK.tick(10)

if __name__ == '__main__':
    main()
```

3-1-3　ベクトルの内積

ベクトルの内積は "・" で表現します。計算式は以下の通りです。

　　v1・v2　=　v1のx成分×v2のx成分　+　v1のy成分×v2のy成分

足し算や掛け算と異なり、計算結果はベクトルではなくスカラー値（単なる数値）となります。例を見てみましょう。

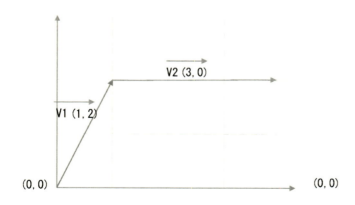

上図の例では、v1・v2　=　1×3　+　2×0　=　3となります。
でも、この値が何を意味するのかわかりませんよね？　証明は専門書に譲りますが、この計

算結果は以下の計算式で求めた値と同じになります。

$$v1 \cdot v2 = |v1| \times |v2| \times \cos\theta$$

ここで|v1|はベクトルv1の大きさ、|v2|はベクトルv2の大きさ、θは2つのベクトルのなす角度です。単にベクトルの成分を掛け合わせて足しただけなのに、右辺には角度の成分が出現するのです。不思議だと思いませんか？　"成分を掛けて加えるだけなのに角度が求まる……"自分はいまだに化かされているような気すらします。いずれにせよ、この公式を使ってゲームを作ってみると正しく動作するので、結果だけありがたく流用することにしましょう。

ちなみに、θが0°のときcos θは1になります。この時内積は|v1|×|v2|となり最大の値を取ります。一方θが90°のときcos θは0になり内積の値は0となります。つまり、2つのベクトルの向きが近いほうが内積は大きな値になるのです。多少乱暴ですが「内積とは2つのベクトルがどの程度同じ方向を向いているのか表す値」と理解してもよいでしょう。

この関係をうまく利用すると、2つのベクトルのなす角を簡単に求めることができます。先ほどの例では、v1(1,2)、v2(3,0)でした。始点をそろえると以下のようになります。

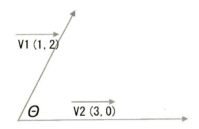

内積の計算結果は3だったので、

$$3 = |v1| \times |v2| \times \cos\theta$$

となります。v2の大きさは3です。v1の大きさは

$$\sqrt{(1^2 + 2^2)} = \sqrt{5}$$

です。つまり、

$$3 = (3 \times \sqrt{5}) \times \cos\theta$$

となり、

$$\cos\theta = 3 \div (3 \times \sqrt{5})$$

と求められます。ゲームを作る場合、cos θがわかれば十分なことがほとんどですが、cos θが

分かればθ（2つのベクトルのなす角度）の値も求められます。

　ここで、"cosθを求めてなにが嬉しいの？"と思うひとがいるかもしれません。物理エンジンで2つの物体の衝突判定を計算する状況を考えてみましょう。2つの物体は向きと速度を持って動いています。これらはベクトルに他なりません。その2つの物体のベクトルの内積を計算することで、どのくらいの角度で衝突したのかが分かります。その値をもとに反射角を求めることができるのです。

　また、3Dのモデルをリアルに描画するときは入射光や面の向きを考慮する必要があります。面の明るさを計算するときに入射光と面のなす角度を内積で求めることが可能となります。

　このようにゲームを作っていると2つのベクトルのなす角度が必要になることが多々あります。"2つのベクトルのなす角度を求めたい"　そんな状況に遭遇したときは内積の出番です。後半のゲームで実際に内積を使っているので、具体例はそのときまでお待ちください。

　以下は内積を計算するサンプルです。

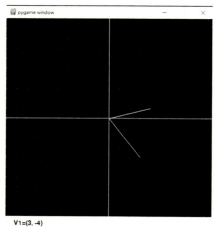

●ファイル：vector_dot.py

```
""" vector_dot.py sample """
import sys
from math import floor, hypot, acos, degrees
import pygame
from pygame.locals import QUIT, MOUSEBUTTONDOWN
```

```python
pygame.init()
SURFACE = pygame.display.set_mode((500, 700))
FPSCLOCK = pygame.time.Clock()


def dot(vec1, vec2):
    """ ベクトルの内積を返す """
    return vec1[0]*vec2[0] + vec1[1]*vec2[1]


def main():
    """ main routine """
    count = 0
    pos0 = (0, 0)
    pos1 = (0, 0)
    sysfont = pygame.font.SysFont(None, 24)
    while True:
        for event in pygame.event.get():
            if event.type == QUIT:
                pygame.quit()
                sys.exit()
            elif event.type == MOUSEBUTTONDOWN:
                xpos = floor((event.pos[0] - 240) / 25)
                ypos = -floor((event.pos[1] - 240) / 25)
                if count % 2 == 0:
                    pos0 = (xpos, ypos)
                    pos1 = (0, 0)
                else:
                    pos1 = (xpos, ypos)
                count += 1

        # Paint
        SURFACE.fill((0, 0, 0))
        for ypos in range(0, 500, 25):
            for xpos in range(0, 500, 25):
                pygame.draw.ellipse(SURFACE, (64, 64, 64),
```

第3章 〈基礎編−3〉ベクトル 73

```
                                (xpos, ypos, 2, 2))
        pygame.draw.line(SURFACE, (255, 0, 0),
                        (250, 0), (250, 500), 3)
        pygame.draw.line(SURFACE, (255, 0, 0),
                        (0, 250), (500, 250), 3)


        coord0 = pos0[0] * 25 + 250, pos0[1] * -25 + 250
        pygame.draw.line(SURFACE, (0, 255, 0),
                        (250, 250), coord0, 2)


        coord1 = pos1[0] * 25 + 250, pos1[1] * -25 + 250
        pygame.draw.line(SURFACE, (0, 255, 255),
                        (250, 250), coord1, 2)


        # 情報領域描画
        pygame.draw.rect(SURFACE, (255, 255, 255),
                        (0, 500, 500, 200))
        len0 = hypot(pos0[0], pos0[1])
        len1 = hypot(pos1[0], pos1[1])
        len2 = len0 * len1
        if len2 == 0:
            len2 = 0.000001
        strings = [
            "V1=({}, {})".format(pos0[0], pos0[1]),
            "V2=({}, {})".format(pos1[0], pos1[1]),
            "dot of V1 & V2 ={}".format(dot(pos0, pos1)),
            "|V1|={}".format(len0),
            "|V2|={}".format(len1),
            "cos(theta)={}".format(dot(pos0, pos1) / len2),
            "theta={}".format(degrees(acos(dot(pos0, pos1) /
len2)))
        ]
        for index, bitmap_str in enumerate(strings):
            bmp = sysfont.render(bitmap_str, True, (0, 0, 0))
```

```
        SURFACE.blit(bmp, (20, index*25+510))
        pygame.display.update()
        FPSCLOCK.tick(10)

if __name__ == '__main__':
    main()
```

内積を関数dotで計算しています。

```
def dot(vec1, vec2):
    """ ベクトルの内積を返す """
    return vec1[0]*vec2[0] + vec1[1]*vec2[1]
```

それぞれのベクトルの大きさをhypotで求めて変数len0とlen1に格納しています。内積（dot）を2つのベクトルの大きさの積（len2 = len0 * len1）で割ることで$\cos\theta$を求めています。

```
"cos(theta)={}".format(dot(pos0, pos1) / len2),
```

この$\cos\theta$の値が正しいか確認するために、acos()というメソッドを使って、$\cos\theta$の値からθ（ラジアン）を求めて、degrees関数を使って角度に変換して表示しています。

```
"theta={}".format(degrees(acos(dot(pos0, pos1) / len2)))
```

ベクトルのx、y成分を掛け合わせて加えるだけで、角度に関連する情報が得られていることが確認できます。

3-1-4　ベクトルの外積

ベクトルの外積は "×" で表現します。計算式は以下の通りです。

```
v1×v2 = v1のx成分×v2のy成分 ─ v1のy成分×v2のx成分
```

証明は省略しますが、この値は以下の計算結果とも等しくなります。

```
v1×v2 = |v1| × |v2| × sinθ
```

内積と外積のイメージを図で表すと以下のようになります。底辺を|v2|、高さを|v1|sinθとすると、外積の計算結果はv1とv2で示される平行四辺形の面積と同じになります。

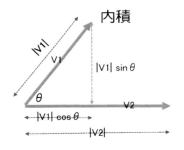
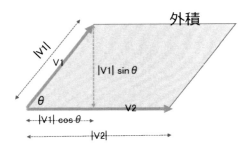

　内積ではcosθを求めることができましたが、外積ではsinθを求めることができます。外積が0のときsinθが0となり、θも0となります。つまり2つのベクトルの向きが同じ＝平行ということが分かります。

　3次元のベクトルの外積はより興味深いものになります。ベクトルv1とv2があったとき、その外積v3を計算すると、v3の向きはベクトルv1とv2の両方に対して垂直になるのです。

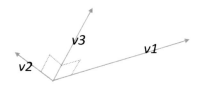

　何がうれしいかというと、面と垂直な向きのベクトルを求められるのです。具体的な利用方法は、第7章「〈3D編－1〉簡易VRMLビューワ」、第8章「〈3D編－2〉3Dゲームサンプル」をご覧ください。

　外積のサンプルは以下の通りです。

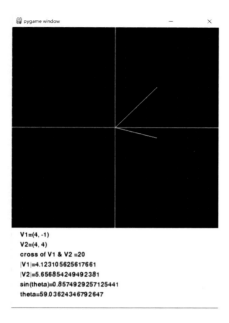

●ファイル：vector_cross.py

```
""" vector_cross.py sample """
import sys
from math import floor, hypot, asin, degrees
import pygame
from pygame.locals import QUIT, MOUSEBUTTONDOWN

pygame.init()
SURFACE = pygame.display.set_mode((500, 700))
FPSCLOCK = pygame.time.Clock()

def cross(vec1, vec2):
    """ ベクトルの外積を返す """
    return vec1[0]*vec2[1] - vec1[1]*vec2[0]

def main():
    """ main routine """
    count = 0
    pos0 = (0, 0)
    pos1 = (0, 0)
```

```python
sysfont = pygame.font.SysFont(None, 24)
while True:
    for event in pygame.event.get():
        if event.type == QUIT:
            pygame.quit()
            sys.exit()
        elif event.type == MOUSEBUTTONDOWN:
            xpos = floor((event.pos[0] - 240) / 25)
            ypos = -floor((event.pos[1] - 240) / 25)
            if count % 2 == 0:
                pos0 = (xpos, ypos)
                pos1 = (0, 0)
            else:
                pos1 = (xpos, ypos)
            count += 1

    # Paint
    SURFACE.fill((0, 0, 0))
    for ypos in range(0, 500, 25):
        for xpos in range(0, 500, 25):
            pygame.draw.ellipse(SURFACE, (64, 64, 64),
                                (xpos, ypos, 2, 2))
    pygame.draw.line(SURFACE, (255, 0, 0),
                     (250, 0), (250, 500), 3)
    pygame.draw.line(SURFACE, (255, 0, 0),
                     (0, 250), (500, 250), 3)

    coord0 = pos0[0] * 25 + 250, pos0[1] * -25 + 250
    pygame.draw.line(SURFACE, (0, 255, 0),
                     (250, 250), coord0, 2)

    coord1 = pos1[0] * 25 + 250, pos1[1] * -25 + 250
    pygame.draw.line(SURFACE, (0, 255, 255),
                     (250, 250), coord1, 2)
```

```python
    # 情報領域描画
    pygame.draw.rect(SURFACE, (255, 255, 255),
                     (0, 500, 500, 200))
    len0 = hypot(pos0[0], pos0[1])
    len1 = hypot(pos1[0], pos1[1])
    len2 = len0 * len1
    if len2 == 0:
        len2 = 0.000001
    strings = [
        "V1=({}, {})".format(pos0[0], pos0[1]),
        "V2=({}, {})".format(pos1[0], pos1[1]),
        "cross of V1 & V2 ={}".format(cross(pos0, pos1)),
        "|V1|={}".format(len0),
        "|V2|={}".format(len1),
        "sin(theta)={}".format(cross(pos0, pos1) / len2),
        "theta={}".format(degrees(
            asin(cross(pos0, pos1) / len2)))
    ]
    for index, bitmap_str in enumerate(strings):
        bmp = sysfont.render(bitmap_str, True, (0, 0, 0))
        SURFACE.blit(bmp, (20, index*25+510))
    pygame.display.update()
    FPSCLOCK.tick(10)


if __name__ == '__main__':
    main()
```

第3章 〈基礎編－3〉ベクトル　79

3-2　行列としてのベクトル

　ここまで"ベクトルとは、向きと大きさをもつもの"と説明してきました。この説明は間違いではないのですが、厳密にはこれは"幾何ベクトル"のことです。これまで、向きと大きさを説明するために、(3,-1)といったx-y座標系を使ってきました。

　ここで、ベクトルをもう少し広い用途に使うことにしましょう。単にn個の数を並べたものをn次元数ベクトルということにします。

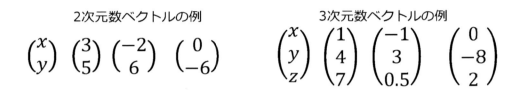

　難しく考える必要はありません。(x,y)座標を並べると2次元数ベクトルになり、(x,y,z)座標を並べると3次元数ベクトルになるという約束事にすぎません。2個数字が並んでいれば2次元数ベクトル、3個数字が並んでいれば3次元数ベクトルという具合です。いったん、座標を数ベクトルにすると、行列による計算が簡単になります。

　本書でカバーするベクトルの内容は以上です。この段階では、まだベクトルの具体的な使い方のイメージは沸かないと思いますが、そのうちたくさん具体例がでてくるので心配はありません。

　次章以降で行列を扱ってゆきますが、その目的は座標変換です。行列と数ベクトルを使うことで、拡大・縮小、平行移動、回転といった複雑な処理がとても簡単にできるようになります。つまり、行列と数ベクトルを使うと3Dモデルを構成する座標を自由自在に動かせるようになるのです。では、さっそく行列がどのようなものか見てゆくことにしましょう。

4

第 4 章 〈基礎編 − 4〉行列

●

3次元のモデルはたくさんの座標から構成されます。ゲームでは
モデルを移動・回転することになりますが、その計算に欠かせな
いのが行列です。基礎編を締めくくる最後の内容です。この章が
おわったら、画像処理や物理エンジン、3Dゲームへと進んでゆき
ます。あと一息頑張ってゆきましょう。

4-1　はじめに

　高校で行列を勉強したときは、何の役に立つのか正直全く実感できませんでした。しかし、ゲームやCGの世界を垣間見たときに、行列の果たす役割が非常に大きいことはすぐにわかりました。たしかに、UnityやThree.jsなどのゲーム専用のライブラリ（ゲーム用の計算をするプログラムを集めて使いやすくしたもの）を使えば自分で行列の計算を行う必要はないでしょう。しかしながら、ライブラリの内部でどのような計算が行われているか意識することは決してムダにはならないはずです。

　本書では学術的な書籍のように高尚な説明はしません。簡単なゲームで利用する基本的な範囲にかぎって、できるだけわかりやすく説明します。実際に行列がどのように役に立つのか実感できれば、高校や大学の授業で行列を学ぶときにも、スムーズに入ってゆけると思います。

4-2　行列の初歩

4-2-1　行列の記法

　連立一次方程式は中学校で学習済みという前提で話を進めます。連立一次方程式は以下のような式で表されます。

y ＝ **a**x ＋ **b**　（例：y ＝ 1x ＋ 2）
y ＝ **c**x ＋ **d**　（例：y ＝ －2x ＋ 4）

　a、b、c、dの値は変化しません（定数といいます）。一方、xは自由な値をとることができます（変数といいます）。それぞれの式においてxが変化するとyの値が決まります。このとき、xとyの座標をグラフにプロットすると直線となります。このような式が2つあった場合、2つの直線を描くことができます。この連立一次方程式を解くと2つの直線の交点を求めることができます。

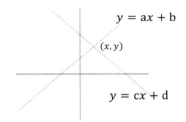

　では、次に以下のような2つの式を考えてみます。上の連立一次方程式のように、a、b、c、dは定数、x、yは変数です。xとyの値が変化するとpとqの値が求まります。

p ＝ ax ＋ by
q ＝ cx ＋ dy

　ところで、平面のゲーム（2次元）では（x,y）といった座標を使います。あるキャラクターが（x1, y1）から（x2,y2）へ移動したり、敵が（x3,y3）から（x4,y4）へ移動したり、といった具合です。x座標値とy座標値を別々に管理することもできますが、座標はペアで初めて意味を持つので2つをひとまとまりにしたほうが便利なことが多いはずです。
　ここで、上の式をもう一度見直してみましょう。

```
p = ax + by
q = cx + dy
```

変数に着目すると、右辺に(x,y)があり、左辺に(p,q)があることがわかります。つまり、右辺の(x,y)が決まると、その値から(p,q)を計算することができるのです。図にすると以下のようなイメージです。

(x, y) ⟹ ■ ⟹ (p, q)

ただ、毎回このように2つの式を記述するのも面倒です。そこで、昔の数学者は複数の式をまとめて記述するための記法を作ることにしました。

"記法"というと難しそうに聞こえるかもしれませんが、単なる約束事にすぎません。たとえば座標を表現する場合、"x座標の値は2、y座標の値は3"と毎回記述するのは面倒です。そこで、(2,3)のように2つの値を"( )"の中にカンマで区切って順番に記述します。これも立派な記法です。この(x, y)記法には小学生のころから慣れ親しんでいるので違和感はないはずです。

では、"先述した2つの式をどうシンプルに記述するか"考えてみましょう。昔の数学者は以下のように記述することにしました。

$$\begin{matrix} p = ax + by \\ q = cx + dy \end{matrix} \quad \Longrightarrow \quad \begin{pmatrix} p \\ q \end{pmatrix} = \begin{pmatrix} a & b \\ c & d \end{pmatrix} \begin{pmatrix} x \\ y \end{pmatrix}$$

(p,q)と(x,y)はひとまとまりなのでカッコで括ります。(a, b, c, d)も定数なのでひとまとまりにします。この記法の意味は

・「aとxの掛け算　＋　bとyの掛け算」　の結果をpへ
・「cとxの掛け算　＋　dとyの掛け算」　の結果をqへ

となります。図にすると以下のようになります。

84 ｜ 第4章 〈基礎編－4〉行列

$$\begin{pmatrix} p \\ q \end{pmatrix} = \begin{pmatrix} a & b \\ c & d \end{pmatrix} \begin{pmatrix} x \\ y \end{pmatrix}$$

　難しそうに見えますが、単に2つの式の表現方法を変えただけです。とはいっても慣れが必要です。いくつか例を見てみましょう。

$$\begin{pmatrix} p \\ q \end{pmatrix} = \begin{pmatrix} 1 & 2 \\ 3 & 4 \end{pmatrix} \begin{pmatrix} x \\ y \end{pmatrix} \implies \begin{array}{l} p = 1x + 2y \\ q = 3x + 4y \end{array}$$

$$\begin{pmatrix} p \\ q \end{pmatrix} = \begin{pmatrix} -5 & 3 \\ 6 & -2 \end{pmatrix} \begin{pmatrix} x \\ y \end{pmatrix} \implies \begin{array}{l} p = -5x + 3y \\ q = 6x - 2y \end{array}$$

$$\begin{pmatrix} p \\ q \end{pmatrix} = \begin{pmatrix} 0 & 1 \\ 1 & 0 \end{pmatrix} \begin{pmatrix} x \\ y \end{pmatrix} \implies \begin{array}{l} p = y \\ q = x \end{array}$$

$$\begin{pmatrix} 1 & 2 \\ 3 & 4 \end{pmatrix} \begin{pmatrix} 5 \\ 6 \end{pmatrix} = \begin{pmatrix} 1 \times 5 + 2 \times 6 \\ 3 \times 5 + 4 \times 6 \end{pmatrix} = \begin{pmatrix} 17 \\ 39 \end{pmatrix}$$

$$\begin{pmatrix} 1 & 0 \\ 0 & 1 \end{pmatrix} \begin{pmatrix} 5 \\ 6 \end{pmatrix} = \begin{pmatrix} 1 \times 5 + 0 \times 6 \\ 0 \times 5 + 1 \times 6 \end{pmatrix} = \begin{pmatrix} 5 \\ 6 \end{pmatrix}$$

$$\begin{pmatrix} 2 & 0 \\ 0 & 3 \end{pmatrix} \begin{pmatrix} 5 \\ 6 \end{pmatrix} = \begin{pmatrix} 2 \times 5 + 0 \times 6 \\ 0 \times 5 + 3 \times 6 \end{pmatrix} = \begin{pmatrix} 10 \\ 18 \end{pmatrix}$$

　たとえば、鶴亀算をこの記法で記述すると以下のようになります。ここで、鶴はx匹、亀はy匹、頭の数がp、足の数がqとします。

第4章　〈基礎編－4〉行列　85

$$p = 1x + 1y \qquad \begin{pmatrix} p \\ q \end{pmatrix} = \begin{pmatrix} 1 & 1 \\ 2 & 4 \end{pmatrix} \begin{pmatrix} x \\ y \end{pmatrix}$$
$$q = 2x + 4y$$

鶴が2匹、亀が3匹なら計算は以下のようになります。

$$\begin{pmatrix} 1 & 1 \\ 2 & 4 \end{pmatrix} \begin{pmatrix} 2 \\ 3 \end{pmatrix} = \begin{pmatrix} 1 \times 2 + 1 \times 3 \\ 2 \times 2 + 4 \times 3 \end{pmatrix} = \begin{pmatrix} 5 \\ 16 \end{pmatrix}$$

頭数が5、足の数が16と求められました。

このように、カッコを使って表記すると書くのは簡単になりますが、どの場所にどんな値があるのか言葉で伝えるのは簡単ではありません。たとえば "右上がb"、"左下が3"、"xは上" などの言葉で表現するのは面倒ですし、正確に伝わりません。そこで行と列で表現することになりました。これが "行列" です。

$$\underset{2行}{\overset{1行}{}} \begin{pmatrix} p \\ q \end{pmatrix} = \overset{1列 \quad 2列}{\begin{pmatrix} a & b \\ c & d \end{pmatrix}} \begin{pmatrix} x \\ y \end{pmatrix} \underset{2行}{\overset{1行}{}}$$

(p，q)は2行1列、(a,b,c,d)は2行2列、(x,y)は2行1列です。最初のうちは行と列が混乱すると思います。上の右図のように漢字と対応づけて覚えるとよいでしょう。

2Dゲームにおいては、ある座標を別の座標に移動させるということを頻繁に行います。そのときに行列が使われます。

$$\begin{pmatrix} 移動後のx座標 \\ 移動後のy座標 \end{pmatrix} = \begin{pmatrix} a & b \\ c & d \end{pmatrix} \begin{pmatrix} 元のx座標 \\ 元のy座標 \end{pmatrix}$$

後ほど具体例がたくさん出てくるので、今の段階では "行列を使うと2次元ゲームの座標計

算が簡単になる”とだけ覚えておいてください。

4-2-2　行列の掛け算

　ここまで説明してきたのは、「2行2列×2行1列」の計算でした。次に「2行2列×2行2列」の計算について説明します。

$$\begin{pmatrix} a & b \\ c & d \end{pmatrix}\begin{pmatrix} e & f \\ g & h \end{pmatrix} = \begin{pmatrix} ae + bg & af + bh \\ ce + dg & cf + dh \end{pmatrix}$$

　ちょっと複雑ですが、図にすると以下のようになります。

$$\begin{pmatrix} a & b \\ c & d \end{pmatrix}\begin{pmatrix} e & f \\ g & h \end{pmatrix} = \begin{pmatrix} ae + bg & af + bh \\ ce + dg & cf + dh \end{pmatrix}$$

　この規則を暗記するよりも以下のように、右辺から左辺へと、逆向きに考えた方がわかりやすいかもしれません。

1行　　　2列　　　　　　　　　　　1行2列を求めるには？

$$\begin{pmatrix} a & b \\ c & d \end{pmatrix}\begin{pmatrix} e & f \\ g & h \end{pmatrix} = \begin{pmatrix} ae + bg & af + bh \\ ce + dg & cf + dh \end{pmatrix}$$

　たとえば1行2列の要素を求める場合、最初の行列から1行目、次の行列から2列目を取り出して、それぞれの要素を順番に掛けて、それらを合計するという考え方です。

　いずれにせよ、行列の計算は単なる約束事なので慣れるしかありません。いくつか例を見てみましょう。

第4章　〈基礎編−4〉行列　87

$$\begin{pmatrix} 1 & 2 \\ 3 & 4 \end{pmatrix} \begin{pmatrix} 5 & 6 \\ 7 & 8 \end{pmatrix} = \begin{pmatrix} 1 \times 5 + 2 \times 7 & 1 \times 6 + 2 \times 8 \\ 3 \times 5 + 4 \times 7 & 3 \times 6 + 4 \times 8 \end{pmatrix} = \begin{pmatrix} 19 & 22 \\ 43 & 50 \end{pmatrix}$$

$$\begin{pmatrix} 1 & 2 \\ 3 & 4 \end{pmatrix} \begin{pmatrix} 1 & 0 \\ 0 & 1 \end{pmatrix} = \begin{pmatrix} 1 \times 1 + 2 \times 0 & 1 \times 0 + 2 \times 1 \\ 3 \times 1 + 4 \times 0 & 3 \times 0 + 4 \times 1 \end{pmatrix} = \begin{pmatrix} 1 & 2 \\ 3 & 4 \end{pmatrix}$$

$$\begin{pmatrix} 1 & 2 \\ 3 & 4 \end{pmatrix} \begin{pmatrix} 2 & 0 \\ 0 & 2 \end{pmatrix} = \begin{pmatrix} 1 \times 2 + 2 \times 0 & 1 \times 0 + 2 \times 2 \\ 3 \times 2 + 4 \times 0 & 3 \times 0 + 4 \times 2 \end{pmatrix} = \begin{pmatrix} 2 & 4 \\ 6 & 8 \end{pmatrix}$$

$$\begin{pmatrix} 1 & 2 \\ 3 & 4 \end{pmatrix} \begin{pmatrix} 1 & 0 \\ 1 & 0 \end{pmatrix} = \begin{pmatrix} 1 \times 1 + 2 \times 1 & 1 \times 0 + 2 \times 0 \\ 3 \times 1 + 4 \times 1 & 3 \times 0 + 4 \times 0 \end{pmatrix} = \begin{pmatrix} 3 & 0 \\ 7 & 0 \end{pmatrix}$$

2行2列×2行1列の計算結果は2行1列になりましたが、2行2列×2行2列の計算結果は2行2列となることに注意してください。

ここで、普通の掛け算「2×3×5＝30」を考えてみます。2×3を事前に計算しておいて「6×5＝30」としても結果は変わりません。当たり前と思われるかもしれませんが、この法則は行列にも当てはまります。たとえば以下のような計算を考えてみます。説明の便宜上、先頭の行列をA、次をB、最後の行列をCとします。

$$\underset{A}{\begin{pmatrix} a & b \\ c & d \end{pmatrix}} \underset{B}{\begin{pmatrix} e & f \\ g & h \end{pmatrix}} \underset{C}{\begin{pmatrix} x \\ y \end{pmatrix}}$$

最初の2つの行列（A×B）を計算しましょう。その結果をDとします。

$$\underset{A}{\begin{pmatrix} a & b \\ c & d \end{pmatrix}} \underset{B}{\begin{pmatrix} e & f \\ g & h \end{pmatrix}} = \underset{D}{\begin{pmatrix} ae + bg & af + bh \\ ce + dg & cf + dh \end{pmatrix}}$$

すると、元の式は以下のように変形することができます。

$$\underset{A}{\begin{pmatrix} a & b \\ c & d \end{pmatrix}} \underset{B}{\begin{pmatrix} e & f \\ g & h \end{pmatrix}} \underset{C}{\begin{pmatrix} x \\ y \end{pmatrix}} = \underset{D}{\begin{pmatrix} ae + bg & af + bh \\ ce + dg & cf + dh \end{pmatrix}} \underset{C}{\begin{pmatrix} x \\ y \end{pmatrix}}$$

つまり、A×B×CはD×Cと同じになるのです。このような計算をして何かよいことがあるのでしょうか？　実は計算量を減らすことができるのです。計算量を減らすことはスピードを求められるゲームにとってはとても大切なことです。a～hはすべて定数です。値が変化しないので行列Dは事前に計算して求めることができます。毎回A×B×Cを計算するよりも、都度D×Cを計算するだけのほうが高速になることは直感的にイメージできるのではないでしょうか？

詳しくは後述しますが、拡大縮小する行列、回転する行列などいろいろな行列があります。

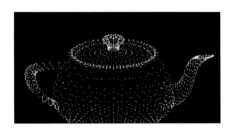

一般的にゲームでは同じルールを使って、たくさんの座標を別の場所に移動することになります。毎回、回転行列×拡大行列の計算を行い、その結果に(x,y)座標を掛け合わせるよりも、事前に回転と拡大を同時に行う行列を計算しておき、その結果に(x,y)座標を掛け合わせるほうが高速になるのです。

たとえば、以下のような3Dモデルを考えます。たくさんの頂点があることがわかります。

このモデルを拡大・回転する場合、それぞれの頂点について「拡大行列×回転行列×座標」を計算するよりも、事前に「拡大と回転を行う行列」を計算しておいてから、「拡大回転行列×座標」を計算したほうが速いことはイメージできると思います。

4-2-3　行列の足し算

普通は足し算から掛け算に進むのが自然ですが、今回は説明の便宜上、掛け算から先に説明しました。もちろん行列どうしの足し算を行うことも可能です。行列の足し算は同じ場所の値を足し合わせるだけです。

$$\begin{pmatrix} a & b \\ c & d \end{pmatrix} + \begin{pmatrix} e & f \\ g & h \end{pmatrix} = \begin{pmatrix} a+e & b+f \\ c+g & d+h \end{pmatrix}$$

例を見てみましょう。

$$\begin{pmatrix} 1 & 2 \\ 3 & 4 \end{pmatrix} + \begin{pmatrix} 5 & 6 \\ 7 & 8 \end{pmatrix} = \begin{pmatrix} 1+5 & 2+6 \\ 3+7 & 4+8 \end{pmatrix} = \begin{pmatrix} 6 & 8 \\ 10 & 12 \end{pmatrix}$$

掛け算よりは直感的でわかりやすいと思います。

ここまでで本書で扱う行列の基礎は十分カバーできました。たくさんの約束事がでてきたので混乱している方もいるかもしれません。繰り返しますが、本書で扱う範囲においては単なる記法にすぎません。繰り返し読んでいただければ慣れると思います。

線形代数の教科書を見ると"写像、基底、幾何ベクトル空間、独立と従属、転置行列……"といった難しそうな単語が並んでいます。数学は厳密性を重視する学問なので、どうしても難しい単語や定義がたくさん出てきます。厳密なのはよいことですが、敷居が上がって数学が嫌いになる学生が増えるかもしれません。本書では、わかりやすさを優先したため厳密性は犠牲になっている部分もあります。その旨ご了承ください。

2行2列の掛け算をするプログラムを作ってみました。値を入力して計算結果がどうなるかいろいろ試してみてください。

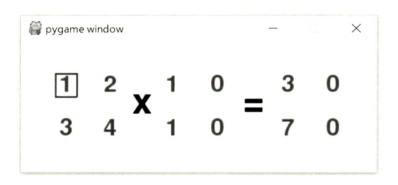

●ファイル：matrix0.py

```
""" matrix0.py sample """
import sys
```

```python
import pygame
from pygame.locals import QUIT, KEYDOWN, K_0, K_9

pygame.init()
SURFACE = pygame.display.set_mode([400, 150])
FPSCLOCK = pygame.time.Clock()

class Box:
    "number input field"
    myfont = pygame.font.SysFont(None, 40)
    bitmaps = []
    for num in range(100):
        bitmaps.append(myfont.render(str(num), True, (64, 64, 64)))

    def __init__(self, pos, value, is_focused):
        self.is_focused = is_focused
        self.number = value
        self.number_rect = self.bitmaps[value].get_rect(center=pos)
        self.focus_rect = self.number_rect.copy()
        self.focus_rect.inflate_ip(10, 0)

    def draw(self):
        """ draw number and focus """
        if self.number > 99:
            return
        SURFACE.blit(self.bitmaps[self.number], self.number_rect)
        if self.is_focused:
            pygame.draw.rect(SURFACE, (0, 0, 225),
                             self.focus_rect, 2)

def main():
    """ main routine """
    font = pygame.font.SysFont(None, 60)
    mess_cross = font.render("x", True, (0, 0, 0))
```

```python
    mess_equal = font.render("=", True, (0, 0, 0))
    focus_index = 0
    positions = (
        (50, 50, 1), (100, 50, 2), (50, 100, 3), (100, 100, 4),
        (170, 50, 1), (220, 50, 0), (170, 100, 0), (220, 100, 1),
        (300, 50, 1), (350, 50, 2), (300, 100, 3), (350, 100, 4))

    boxes = []
    for pos in positions:
        boxes.append(Box((pos[0], pos[1]), pos[2], False))

    while True:
        for event in pygame.event.get():
            if event.type == QUIT:
                pygame.quit()
                sys.exit()
            elif event.type == KEYDOWN and K_0 <= event.key <= K_9:
                boxes[focus_index].number = event.key - K_0
                focus_index = (focus_index + 1) % 8

        for index in range(8):
            boxes[index].is_focused = True \
                if index == focus_index else False

        val0 = boxes[0].number * boxes[4].number \
            + boxes[1].number * boxes[6].number
        val1 = boxes[0].number * boxes[5].number \
            + boxes[1].number * boxes[7].number
        val2 = boxes[2].number * boxes[4].number \
            + boxes[3].number * boxes[6].number
        val3 = boxes[2].number * boxes[5].number \
            + boxes[3].number * boxes[7].number
        boxes[8].number = val0
        boxes[9].number = val1
```

```python
        boxes[10].number = val2
        boxes[11].number = val3

        # Paint
        SURFACE.fill((255, 255, 255))
        for box in boxes:
            box.draw()
        SURFACE.blit(mess_cross, (125, 50))
        SURFACE.blit(mess_equal, (250, 50))

        pygame.display.update()
        FPSCLOCK.tick(10)


if __name__ == '__main__':
    main()
```

4-3　行列を使った計算

　ここまで行列の基礎について説明してきました。実際の座標変換にどのように利用するか見てゆきましょう。

4-3-1　単位行列

$$\begin{pmatrix} 1 & 0 \\ 0 & 1 \end{pmatrix}$$

のように対角線が1、それ以外が0という行列は単位行列と呼び、特別な意味を持ちます。掛け合わせても値が変化しないのです。

$$\begin{pmatrix} 1 & 0 \\ 0 & 1 \end{pmatrix}\begin{pmatrix} x \\ y \end{pmatrix} = \begin{pmatrix} x \\ y \end{pmatrix}$$

$$\begin{pmatrix} 1 & 0 \\ 0 & 1 \end{pmatrix}\begin{pmatrix} a & b \\ c & d \end{pmatrix} = \begin{pmatrix} 1 \times a + 0 \times c & 1 \times b + 0 \times b \\ 0 \times a + 1 \times c & 0 \times b + 1 \times d \end{pmatrix} = \begin{pmatrix} a & b \\ c & d \end{pmatrix}$$

　ちょうど自然数の1のような働きをします。1に何をかけても元の値になるのと同じです。

4-3-2　拡大・縮小

　行列を使うと拡大・縮小も簡単に扱うことができます。拡大・縮小は以下のような行列で表されます。

$$\begin{pmatrix} x\text{軸倍率} & 0 \\ 0 & y\text{軸倍率} \end{pmatrix}$$

具体例を見てみましょう。以下の図において、説明のため左の行列をA、右をBとします。Aはx方向y方向ともに2倍する行列、Bはx方向2倍、y方向に3倍する行列です。

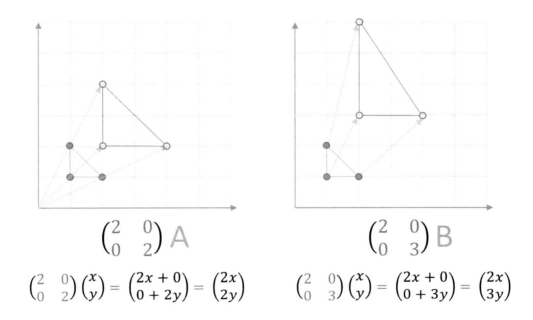

これら2つの行列を掛け合わせてみましょう。以下のようになります。

$$\begin{pmatrix} 2 & 0 \\ 0 & 2 \end{pmatrix} \begin{pmatrix} 2 & 0 \\ 0 & 3 \end{pmatrix} = \begin{pmatrix} 2 \times 2 + 0 \times 0 & 2 \times 0 + 0 \times 3 \\ 0 \times 2 + 2 \times 0 & 0 \times 0 + 2 \times 3 \end{pmatrix} = \begin{pmatrix} 4 & 0 \\ 0 & 6 \end{pmatrix}$$

x軸倍率が4、y軸倍率が6になっていることが分かります。まとめると以下の表のようになります。行列を掛け算するとx軸方向、y軸方向、それぞれ倍率が掛け合わされていることがわかります。

	A	B	A × B
X軸方向倍率	2	2	4
Y軸方向倍率	2	3	6

行列による拡大縮小を確認するプログラムを作ってみました。緑色の三角形 (1,1)、(2,1)、(1,3) が元画像です。

第4章 〈基礎編 - 4〉行列

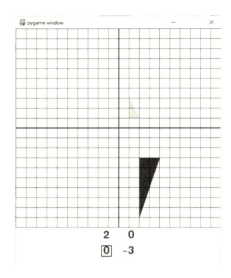

●ファイル：matrix1.py
```python
""" matrix1.py sample """
import sys
import pygame
from pygame.locals import QUIT, KEYDOWN, K_0, K_9, K_MINUS

pygame.init()
SURFACE = pygame.display.set_mode((500, 600))
FPSCLOCK = pygame.time.Clock()

class Box:
    "number input field"
    myfont = pygame.font.SysFont(None, 40)
    bitmaps = []
    for num in range(100):
        bitmaps.append(myfont.render(str(num), True, (64, 64, 64)))

    def __init__(self, pos, value, is_focused):
        self.is_focused = is_focused
        self.number = value
        self.number_rect = self.bitmaps[value].get_rect(center=pos)
```

```python
        self.focus_rect = self.number_rect.copy()
        self.focus_rect.inflate_ip(10, 0)

    def draw(self):
        """ draw number and focus """
        if self.number > 99:
            return
        if self.number < 0:
            posx, posy = self.number_rect.center
            pygame.draw.line(SURFACE, (64, 64, 64),
                             (posx-20, posy), (posx-10, posy), 2)
        SURFACE.blit(self.bitmaps[abs(self.number)],
                     self.number_rect)
        if self.is_focused:
            pygame.draw.rect(SURFACE, (0, 0, 225),
                             self.focus_rect, 2)


def main():
    """ main routine """
    focus_index = 0
    positions = ((220, 520, 1), (280, 520, 0),
                 (220, 560, 0), (280, 560, 1))

    boxes = []
    for pos in positions:
        boxes.append(Box((pos[0], pos[1]), pos[2], False))

    src = ((1, 1), (2, 1), (1, 3))

    while True:
        for event in pygame.event.get():
            if event.type == QUIT:
                pygame.quit()
                sys.exit()
```

第 4 章 〈基礎編 − 4〉行列 | 97

```python
            elif event.type == KEYDOWN:
                if K_0 <= event.key <= K_9:
                    boxes[focus_index].number = event.key - K_0
                elif event.key == K_MINUS:
                    boxes[focus_index].number *= -1
                focus_index = (focus_index + 1) % 4

    for index in range(4):
        boxes[index].is_focused = True \
            if index == focus_index else False

    # Paint
    SURFACE.fill((255, 255, 255))

    pygame.draw.line(SURFACE, (255, 0, 0),
                    (0, 250), (500, 250), 3)
    pygame.draw.line(SURFACE, (255, 0, 0),
                    (250, 0), (250, 500), 3)

    dst = [(boxes[0].number * p[0] + boxes[1].number * p[1],
            boxes[2].number * p[0] + \
            boxes[3].number * p[1]) for p in src]
    src_pts = [(p[0]*25+250, -p[1]*25+250) for p in src]
    dst_pts = [(p[0]*25+250, -p[1]*25+250) for p in dst]
    pygame.draw.polygon(SURFACE, (0, 255, 0), src_pts)
    pygame.draw.polygon(SURFACE, (0, 0, 255), dst_pts)

    for index in range(0, 501, +25):
        pygame.draw.line(SURFACE, (64, 64, 64),
                        (0, index), (500, index))
        pygame.draw.line(SURFACE, (64, 64, 64),
                        (index, 0), (index, 500))

    for box in boxes:
```

```
            box.draw()

        pygame.display.update()
        FPSCLOCK.tick(10)

if __name__ == '__main__':
    main()
```

　プログラムの内容をすべて理解できなくても構いません。大切な部分について説明します。srcに元の三角形の頂点座標が格納されています。各頂点の座標をタプルとし、さらにその3つのタプルを要素とするタプルとして管理している点に注目してください。

```
src = ((1, 1), (2, 1), (1, 3))
```

　行列の計算式は以下の通りです。

$$p = ax + by$$
$$q = cx + dy$$

　以下の文の中でリストの内包表記を使用して行列の計算を行い、新しい座標を求め、リストdstに格納しています。

```
        dst = [(boxes[0].number * p[0] + boxes[1].number * p[1],
               boxes[2].number * p[0] + boxes[3].number * p[1])
for p in src]
```

　aがboxes[0].number、bがboxes[1].number、cがboxes[2].number、dがboxes[3].numberです。xがp[0]、yがp[1]に相当します。

　srcの要素を順番に取り出し、上の行列式を計算しています。そのあとで、画面のサイズに合わせて、中央を(250, 250)、1マスを25ピクセルになるように変換しています。

```
        src_pts = [(p[0]*25+250, -p[1]*25+250) for p in src]
        dst_pts = [(p[0]*25+250, -p[1]*25+250) for p in dst]
        pygame.draw.polygon(SURFACE, (0, 255, 0), src_pts)
        pygame.draw.polygon(SURFACE, (0, 0, 255), dst_pts)
```

　最後に、pygame.draw.polygon(SURFACE, (0, 255, 0), src_pts)で元の三角形を

第4章　〈基礎編－4〉行列　　99

緑色で、pygame.draw.polygon(SURFACE, (0, 0, 255), dst_pts)で新しい三角形を青色で描画しています。

4-3-3　平行移動

平行移動は行列の足し算で行います。(x,y)座標を表す2行1列の行列どうしの足し算であることに注意してください。

$$\begin{pmatrix} x \\ y \end{pmatrix} + \begin{pmatrix} x方向移動量 \\ y方向移動量 \end{pmatrix} = \begin{pmatrix} x + x方向移動量 \\ y + y方向移動量 \end{pmatrix}$$

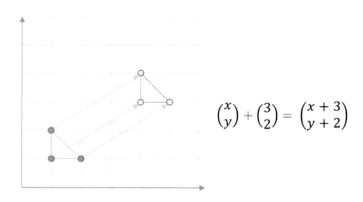

4-3-4　回転

x倍やy倍、平行移動は行列を使わなくても自力で計算できます。しかし、回転はそうはいきません。以下の図を見てください。(x,y)の座標を反時計回りに95°回転した座標は簡単には計算できませんよね。

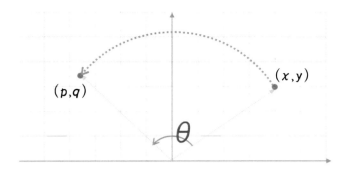

　証明は難しいので省略しますが、結論を言うと以下の行列を使うと回転後の座標を求めることができます。(x,y)が元の座標、(p,q)が回転後の座標です。

$$\begin{pmatrix} p \\ q \end{pmatrix} = \begin{pmatrix} cos\theta & -sin\theta \\ sin\theta & cos\theta \end{pmatrix} \begin{pmatrix} x \\ y \end{pmatrix} \implies \begin{matrix} p = x \cdot cos\theta - y \cdot sin\theta \\ q = x \cdot sin\theta + y \cdot cos\theta \end{matrix}$$

この行列のことを回転行列と呼びます。実際に動いている様子を見てみましょう。

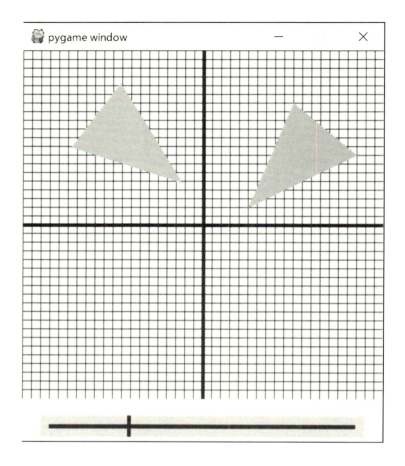

●ファイル：matrix2.py

```python
""" matrix2.py """
import sys
from math import sin, cos, radians
import pygame
from pygame.locals import Rect, QUIT, MOUSEMOTION, MOUSEBUTTONDOWN, \
    MOUSEBUTTONUP

pygame.init()
SURFACE = pygame.display.set_mode([400, 450])
FPSCLOCK = pygame.time.Clock()

class Slider:
    "スライダウィジェット"
```

```python
    def __init__(self, rect, min_value, max_value, value):
        self.rect = rect
        self.slider_rect = rect.copy()
        self.slider_rect.inflate_ip(-20, -20)
        self.knob_rect = rect.copy()
        self.knob_rect.move_ip(10, 0)
        self.knob_rect.width = 4
        self.min_value = min_value
        self.max_value = max_value
        self.value = value

    def draw(self):
        """ スライダを描画 """
        pygame.draw.rect(SURFACE, (225, 225, 225), self.rect)
        pygame.draw.rect(SURFACE, (64, 64, 128), self.slider_rect)
        pygame.draw.rect(SURFACE, (0, 0, 255), self.knob_rect)

    def set_pos(self, xpos):
        """ スライダ値を設定 """
        xpos = max(self.slider_rect.left,
                   min(self.slider_rect.right, xpos))
        ypos = self.knob_rect.center[1]
        self.knob_rect.center = (xpos, ypos)

    def get_value(self):
        """ スライダ値を取得 """
        ratio = (self.knob_rect.center[0] - self.slider_rect.left)\
            / self.slider_rect.width
        return (self.max_value - self.min_value) * ratio\
            + self.min_value

def rotate(pos, theta=30):
    """ 座標をtheta度回転します """
    cos_v = cos(radians(theta))
```

```python
        sin_v = sin(radians(theta))
        return (int(cos_v*pos[0] - sin_v*pos[1]),
                int(sin_v*pos[0] + cos_v*pos[1]))


def main():
    """ メインルーチン """
    slider = Slider(Rect(20, 420, 360, 25), 0, 360, 0)
    mouse_down = False
    triangle = ((50, 20), (170, 80), (100, 140))
    while True:
        for event in pygame.event.get():
            if event.type == QUIT:
                pygame.quit()
                sys.exit()
            elif event.type == MOUSEMOTION:
                if mouse_down and
slider.rect.collidepoint(event.pos):
                    slider.set_pos(event.pos[0])
            elif event.type == MOUSEBUTTONDOWN:
                mouse_down = True
            elif event.type == MOUSEBUTTONUP:
                mouse_down = False

        SURFACE.fill((255, 255, 255))
        slider.draw()

        for index in range(0, 400, 10):
            pygame.draw.line(SURFACE, (64, 64, 64),
                             (0, index), (400, index))
            pygame.draw.line(SURFACE, (64, 64, 64),
                             (index, 0), (index, 400))
        pygame.draw.line(SURFACE, (0, 0, 225),
                         (0, 200), (400, 200), 4)
        pygame.draw.line(SURFACE, (0, 0, 225),
```

```
                    (200, 0), (200, 400), 4)

        theta = slider.get_value()
        prev_poly = [(p[0]+200, -p[1]+200) for p in triangle]
        next_poly = [(rotate((p[0], p[1]), theta)) for p in
triangle]
        next_poly = [(p[0]+200, -p[1]+200) for p in next_poly]
        pygame.draw.polygon(SURFACE, (0, 225, 0), prev_poly)
        pygame.draw.polygon(SURFACE, (225, 225, 0), next_poly)

        pygame.display.update()
        FPSCLOCK.tick(10)


if __name__ == '__main__':
    main()
```

拡大縮小のサンプルと大きく違うのは以下の個所です。

```
def rotate(pos, theta=30):
    """ 座標をtheta度回転します """
    cos_v = cos(radians(theta))
    sin_v = sin(radians(theta))
    return int(cos_v*pos[0] - sin_v*pos[1]), int(sin_v*pos[0] +
cos_v*pos[1])
```

rotateは回転後の座標を求め、タプルとして返す関数です。回転行列をそのまま実装しています。

```
        theta = slider.get_value()
        prev_poly = [(p[0]+200, -p[1]+200) for p in triangle]
        next_poly = [(rotate((p[0], p[1]), theta)) for p in
triangle]
```

スライダの値をslider.get_value()で取得して回転角thetaを求めます。prev_polyは移動前の座標、next_polyは移動後の座標です。triangleに三角形の座標が格納されているので、リスト内包表記を使って、その要素を順番に取り出し、回転後の座標を求めています。

画面上では(200,200)が中心となり、Y軸の値が正負逆（画面下が正）になります。以下の行はその調整をしています。

```
next_poly = [(p[0]+200, -p[1]+200) for p in next_poly]
```

以下の行で移動前、移動後の三角形を描画しています。

```
pygame.draw.polygon(SURFACE, (0, 225, 0), prev_poly)
pygame.draw.polygon(SURFACE, (225, 225, 0), next_poly)
```

　実際にプログラムを実行すると、スライダバーの操作に応じて三角形がきれいに回転する様子が確認できます。

4-4　3Dの行列

　ここまで平面上（2D）で行列を使って座標変換を行う方法について見てきました。平面では(x,y)のように2つの点で場所を表現できますが、立体空間（3D）では、x軸、y軸に加えてz軸が必要になります。

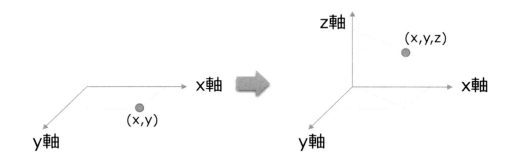

　3Dの行列の計算も基本的には2Dの行列の計算と同じです。

●3行3列×3行1列の計算：

$$\begin{pmatrix}p\\q\\r\end{pmatrix} = \begin{pmatrix}a & b & c\\d & e & f\\g & h & i\end{pmatrix}\begin{pmatrix}x\\y\\z\end{pmatrix} = \begin{pmatrix}ax+by+cz\\dx+ey+fz\\gx+hy+iz\end{pmatrix}$$

●3行3列×3行3列の計算：

$$\begin{pmatrix}a & b & c\\d & e & f\\g & h & i\end{pmatrix}\begin{pmatrix}z & y & x\\w & v & u\\t & s & r\end{pmatrix} = \begin{pmatrix}az+bw+ct & ay+bv+cs & ax+bu+cr\\dz+ew+ft & dy+ev+fs & dx+eu+fr\\gz+hw+it & gy+hv+is & gx+hu+ir\end{pmatrix}$$

　3行3列の掛け算は複雑です。上の式を暗記するのではなく計算手順を覚えたほうがよいでしょう。

$$\substack{1行\\ \\}\begin{pmatrix} a & b & c \\ d & e & f \\ g & h & i \end{pmatrix}\begin{pmatrix} z & y & x \\ w & v & u \\ t & s & r \end{pmatrix}=\begin{pmatrix} o & o & o \\ o & o & o \\ o & o & o \end{pmatrix} \qquad \substack{\\ \\ 3行}\begin{pmatrix} a & b & c \\ d & e & f \\ g & h & i \end{pmatrix}\begin{pmatrix} z & y & x \\ w & v & u \\ t & s & r \end{pmatrix}=\begin{pmatrix} o & o & o \\ o & o & o \\ o & o & o \end{pmatrix}$$

　右辺の行列において1行1列目の要素は、最初の行列の1行目、2番目の行列の1列目の要素を取り出します。同様に3行2列目の要素を求める場合は、3行目の要素と2列目の要素を取り出します。取り出した行と列は以下のように順番に掛け合わせて、その結果を合計します。

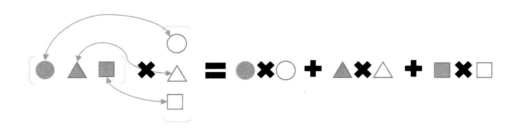

　この手順を各行、各列で行います。3行3列の掛け算の場合は、行が3つ、列が3つあるので、3×3=9、合計9回の計算を行うことになります。

　足し算は同じ場所にある要素を足し合わせるだけです。

●3行3列＋3行3列の計算：

$$\begin{pmatrix} a & b & c \\ d & e & f \\ g & h & i \end{pmatrix}+\begin{pmatrix} z & y & x \\ w & v & u \\ t & s & r \end{pmatrix}=\begin{pmatrix} a+z & b+y & c+x \\ d+w & e+v & f+u \\ g+t & h+s & i+r \end{pmatrix}$$

4-4-1　単位行列

　3Dの単位行列も対角線が1でそれ以外が0の行列です。任意の行列を掛け合わせても結果は変化しません。

$$\begin{pmatrix} 1 & 0 & 0 \\ 0 & 1 & 0 \\ 0 & 0 & 1 \end{pmatrix} \begin{pmatrix} x \\ y \\ z \end{pmatrix} = \begin{pmatrix} x \\ y \\ z \end{pmatrix}$$

$$\begin{pmatrix} 1 & 0 & 0 \\ 0 & 1 & 0 \\ 0 & 0 & 1 \end{pmatrix} \begin{pmatrix} a & b & c \\ d & e & f \\ g & h & i \end{pmatrix} = \begin{pmatrix} a & b & c \\ d & e & f \\ g & h & i \end{pmatrix}$$

4-4-2　拡大縮小

これも2Dのときと同じように、対角線上の要素に各軸の倍率を指定します。上から順番にx軸方向の倍率S_x、y軸方向の倍率S_y、z軸方向の倍率S_zとなります。

$$\begin{pmatrix} S_x & 0 & 0 \\ 0 & S_y & 0 \\ 0 & 0 & S_z \end{pmatrix} \begin{pmatrix} x \\ y \\ z \end{pmatrix} = \begin{pmatrix} S_x \times x \\ S_y \times y \\ S_z \times z \end{pmatrix}$$

4-4-3　平行移動

これも2Dのときと同じように、x、y、zにそれぞれ平行移動量を加えるだけです。

$$\begin{pmatrix} 移動後のx座標 \\ 移動後のy座標 \\ 移動後のz座標 \end{pmatrix} = \begin{pmatrix} 元のx座標 \\ 元のy座標 \\ 元のz座標 \end{pmatrix} + \begin{pmatrix} x方向移動量 \\ y方向移動量 \\ z方向移動量 \end{pmatrix}$$

4-4-4　回転

これは2Dのときよりも若干複雑になります。2Dの時は(0,0)という原点の周りの回転でした。一方3Dの場合は、x軸を中心に回転、y軸を中心に回転、z軸を中心に回転と回転の軸が3つもあるからです。

ただし、3Dの回転行列は暗記をする類のものではありません。とりあえず、それぞれの軸を

中心に回転ができるということを認識し、必要に応じて計算式を参照すれば十分です。

以下の説明において、(x,y,z)は元の座標、(p,q,r)は移動後の座標です。図の座標軸は右方向がX、上がY、奥行きがZとなります。

● Z軸周りの回転：

$$\begin{pmatrix} p \\ q \\ r \end{pmatrix} = \begin{pmatrix} cos\theta & -sin\theta & 0 \\ sin\theta & cos\theta & 0 \\ 0 & 0 & 1 \end{pmatrix} \begin{pmatrix} x \\ y \\ z \end{pmatrix} \Rightarrow \begin{array}{l} p = x \cdot cos\theta - y \cdot sin\theta \\ q = x \cdot sin\theta + y \cdot cos\theta \\ r = z \end{array}$$

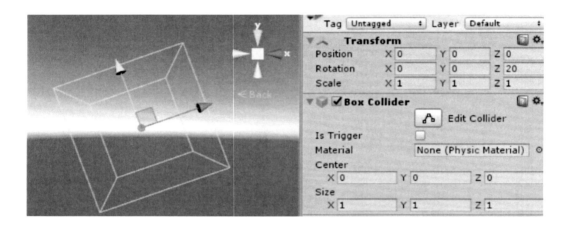

● Y軸周りの回転：

$$\begin{pmatrix} p \\ q \\ r \end{pmatrix} = \begin{pmatrix} cos\theta & 0 & sin\theta \\ 0 & 1 & 0 \\ -sin\theta & 0 & cos\theta \end{pmatrix} \begin{pmatrix} x \\ y \\ z \end{pmatrix} \Rightarrow \begin{array}{l} p = x \cdot cos\theta + z \cdot sin\theta \\ q = y \\ r = -x \cdot sin\theta + z \cdot cos\theta \end{array}$$

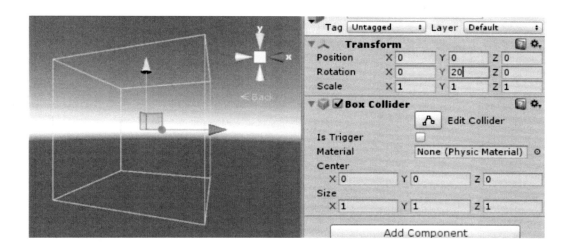

● X軸周りの回転：

$$\begin{pmatrix} p \\ q \\ r \end{pmatrix} = \begin{pmatrix} 1 & 0 & 0 \\ 0 & cos\theta & -sin\theta \\ 0 & sin\theta & cos\theta \end{pmatrix} \begin{pmatrix} x \\ y \\ z \end{pmatrix} \implies \begin{matrix} p = x \\ q = y \cdot cos\theta - z \cdot sin\theta \\ r = y \cdot sin\theta + z \cdot cos\theta \end{matrix}$$

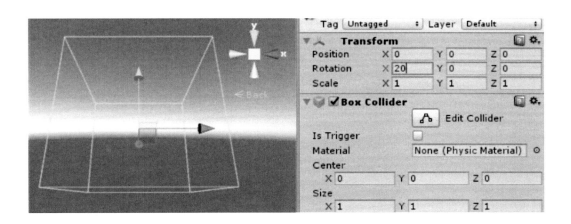

　ここまで、3D行列を使った拡大縮小や回転についてみてきました。使い方をしっかり押さえておきましょう。

第4章　〈基礎編－4〉行列　111

$$\overset{\text{A(回転1)}}{\begin{pmatrix} cos\theta & -sin\theta & 0 \\ sin\theta & cos\theta & 0 \\ 0 & 0 & 1 \end{pmatrix}} \overset{\text{B(回転2)}}{\begin{pmatrix} 1 & 0 & 0 \\ 0 & cos\theta & -sin\theta \\ 0 & sin\theta & cos\theta \end{pmatrix}} \overset{\text{C(拡大)}}{\begin{pmatrix} 1 & 0 & 0 \\ 0 & 2 & 0 \\ 0 & 0 & 3 \end{pmatrix}} = \overset{\text{D}}{\begin{pmatrix} a & b & c \\ d & e & f \\ g & h & i \end{pmatrix}}$$

$$\begin{pmatrix} p \\ q \\ r \end{pmatrix} = \underset{\text{D}}{\begin{pmatrix} a & b & c \\ d & e & f \\ g & h & i \end{pmatrix}} \begin{pmatrix} x \\ y \\ z \end{pmatrix}$$

　回転A、回転B、拡大Cといった処理を行う場合、事前に行列Dを計算しておきます。あとは、この行列Dに移動前の座標(x,y,z)を掛け合わせ、移動先の座標(p,q,r)を求めることができます。

　お疲れ様でした。速度・加速度、三角関数、ベクトル、行列と説明してきました。本書で必要な数学はこれでカバーできました。あとは具体例を見て、その使い方に慣れるだけです。

5

第5章 〈2D編-1〉画像処理

◉

Photoshop や Illustrator などさまざまな画像処理ソフトがあり
ますが、このような画像処理ソフトを使うと、エンボス、グレース
ケール、回転等いろいろな効果を適用することができます。どの
ように実装されているか興味をもったことはないでしょうか？
本格的なアプリには遠く及びませんが、本章では画像処理の基礎
について見てゆきます。基礎編で学習した三角関数が"いい仕事"
をすることを実感できると思います。

5-1 ラスタデータ

　虫眼鏡などでディスプレイを拡大してみるとわかりますが、画像は多数の点から構成されています。これらの点をピクセルと呼びます。このように画像は数多くのピクセルから構成されますが、このピクセルデータの集合をラスタデータと呼びます。ピクセルデータと対になるのがベクタデータです。これは座標と向きといったデータで画像を構成するものです。本書ではベクタ形式の画像データは扱いません。

　このピクセルはR（赤）、G（緑）、B（青）、A（透過度）というデータから構成されます。一般的にはR、G、B、A、それぞれに1バイト（8ビット）を使用します。つまり1つのピクセルは4バイト（32ビット）で構成されます。

　PyGameでは画像やフォントなどはSurfaceオブジェクトとして扱います。pygame.PixelArrayメソッドを使うと、描画対象となるSurfaceからピクセルデータを配列のように操作可能なPixelArrayオブジェクトを取得できます。画像からピクセルデータの配列を取得するコードを以下に示します。

```
src = pygame.image.load("image.png").convert()
data = pygame.PixelArray(src)
```

　pygame.image.load("image.png")で画像をロードします。そのままでも画像データとして描画できますが、convert()メソッドを呼び出すと画像がディスプレイと同じ形式に変換され、高速に描画されるようになります。

　画像は縦横の2次元なので、pygame.PixelArrayで取得されるデータも2次元配列になります。データの(xpos,ypos)の座標位置ピクセルの値を取得する場合は以下のようにします。

```
val = data[xpos, ypos]
```

　もしくは、

```
val = data[xpos][ypos]
```

RGBそれぞれの成分は以下のようにunmap_rgb()メソッドを使って取り出します。

```
val = data[xpos][ypos]
rval, gval, bval, aval = SURFACE.unmap_rgb(val)
```

rvalが赤色、gvalが緑色、bvalが青色、avalが半透明成分です。RGB成分を取り出すといろいろと加工処理を行うことができます。処理を終えた後でピクセルに値を設定する場合は、

```
data[xpos][ypos] = (rval, gval, bval)
```

のように代入します。

　pygame.PixelArrayで取得したdataは、単なる配列のように扱えますが、厳密には配列そのものではなく、元になるSurfaceのピクセルデータを扱うためのPixelArrayオブジェクトです。PixelArrayオブジェクトを使用するときは、元になるSurfaceオブジェクトがロックされます。そのため、ラスタデータへのアクセスが終了したときには、「del data」でPixelArrayオブジェクトを解放する必要があることに注意してください。

5-2　単なる画像描画

まず画像をロードして描画するところから始めましょう。

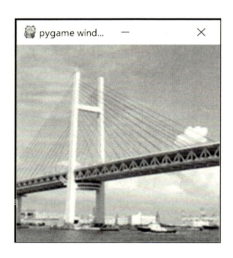

●ファイル：pixel_array00_drawpicture.py
```python
""" pixel_array00_drawpicture.py """
import sys
import pygame
from pygame.locals import QUIT

pygame.init()
SURFACE = pygame.display.set_mode((250, 250))
FPSCLOCK = pygame.time.Clock()

def main():
    """ main routine """
    src = pygame.image.load("picture0.jpg").convert()
    while True:
        for _ in pygame.event.get(QUIT):
            pygame.quit()
            sys.exit()
```

```
        SURFACE.blit(src, (0, 0))
        pygame.display.update()
        FPSCLOCK.tick(5)


if __name__ == '__main__':
    main()
```

　画像をロードしてSurfaceオブジェクトsrcを取得し、それをblitメソッドで出力してい
るだけです。

5-3 Pixelを使った画像描画

次に画像をピクセルデータに変換してみましょう。出力は単なる画像のときと全く同じになります。

●ファイル：pixel_array01_drawpixels.py

```python
""" pixel_array01_drawpixels.py """
import sys
import pygame
from pygame.locals import QUIT

pygame.init()
SURFACE = pygame.display.set_mode((250, 250))
FPSCLOCK = pygame.time.Clock()


def process_pixels(data):
    """ process pixels """
    for ypos in range(250):
        for xpos in range(250):
            val = data[xpos][ypos]
            rval, gval, bval, _ = SURFACE.unmap_rgb(val)
            data[xpos][ypos] = (rval, gval, bval)


def main():
    """ main routine """
    src = pygame.image.load("picture0.jpg").convert()
    data = pygame.PixelArray(src)
    process_pixels(data)
    del data

    while True:
        for _ in pygame.event.get(QUIT):
```

118 | 第5章 〈2D編－1〉画像処理

```
        pygame.quit()
        sys.exit()
    SURFACE.blit(src, (0, 0))
    pygame.display.update()
    FPSCLOCK.tick(5)


if __name__ == '__main__':
    main()
```

　main()では、画像"picture0.jpg"をロードしてその結果をsrcに格納します。
pygame.PixelArray()を使って、srcからピクセルの配列dataを取得しています。ピク
セルの配列を取得したら、それをprocess_pixels()関数に引き渡します。

　今回の例において、process_pixels()関数は何も行っていません。読み出したピクセル
値valから赤rval、青gval、緑bval成分を取り出し、それを再構成して元に戻しているだ
けです。半透明成分は使用しないため、"_"という変数に格納しています。再構築されたデー
タはSurfaceオブジェクト（このサンプルではイメージsrc）に反映されます。

　process_pixels()を呼び出した後、

```
SURFACE.blit(src, (0, 0))
```

で画像を描画します。この例は何もピクセルを加工していないので、元画像のまま描画されま
す。これ以降、process_pixels()を修正することで画像処理を行ってゆきます。

第 5 章　〈2D 編 − 1〉画像処理　｜　119

5-4 さまざまな画像処理

5-4-1 ネガ・ポジ反転

　まずは簡単なところから始めましょう。最近目にすることはなくなりましたが、一昔前まで写真といえばフィルムを使っていました。フィルム式カメラでは、被写体の明暗や色が反転したネガフィルムを作成し、そこから焼き増しという作業を行います。それと同じ効果を与えてみましょう。

　加工部分のコードを以下に示します。それ以外は前のサンプルと同じです。

●ファイル：pixel_array02_invert.py
```
def process_pixels(data):
    """ process pixels """
    for ypos in range(250):
        for xpos in range(250):
            val = data[xpos][ypos]
            rval, gval, bval, _ = SURFACE.unmap_rgb(val)

            invert_r = rval ^ 0xff
            invert_g = gval ^ 0xff
            invert_b = bval ^ 0xff
```

```
data[xpos][ypos] = (invert_r, invert_g, invert_b)
```

"^"演算子は初めて目にする人も多いかもしれません。これはXOR（Exclusive OR）演算子とよばれるもので、演算子の左右の値に対して排他的論理和を計算するものです。
・0 ^ 0 = 0
・0 ^ 1 = 1
・1 ^ 0 = 1
・1 ^ 1 = 0

コードを見ると(rval ^ 0xff)のように、RGBそれぞれ元の値と0xffの排他的論理和を計算しています。0xffは2進数に直すと0x1111 1111と、すべて1の値です。これに対して排他的論理和を計算すると、結果は元の値と反転することになります。

```
0xff              1 1 1 1  1 1 1 1
rval       XOR)   1 1 0 1  0 0 1 0
invert_r          0 0 1 0  1 1 0 1
```

つまり、ネガ（反転）フィルムの状態をRGBそれぞれについて計算していたのです。

5-4-2　グレースケール

グレースケールは文字通り白黒で表現するものです。紙面が白黒だと元画像との差異がわからないかもしれませんが、一応出力結果を以下に示します。

●ファイル：pixel_array03_grayscale.py

```python
def process_pixels(data):
    """ process pixels """
    for ypos in range(250):
        for xpos in range(250):
            val = data[xpos][ypos]

            rval, gval, bval, _ = SURFACE.unmap_rgb(val)
            gray = floor((rval * 3 + gval * 4 + bval * 2) / 9)

            data[xpos][ypos] = (gray, gray, gray)
```

ポイントとなるのは以下の行です。

```python
            gray = floor((rval * 3 + gval * 4 + bval * 2) / 9)
```

Rの値を3倍、Gの値を4倍、Bの値を2倍し、それらを合計して9（＝3+4+2）で割った値をグレースケール値としています。floor()は少数を切り捨てて整数にする関数です。

色の表現方法にはRGBを使う方法だけでなく、YUVといって輝度と色差を使う方法もあります。これは、人間の視覚は色よりも明るさに強く反応するという特徴を活用した方式です。デジタル放送でもYUV形式が使用されています。RGBとYUVの変換式は広く知られており、RGBから輝度Yを計算する式は以下のようになります。

```
Y = 0.299R + 0.587G + 0.114B
```

この式を使ってグレースケールに変換するという方法もよいでしょう。また、この式からわかるように輝度へ一番強く影響を与えているのは緑色Gだということが分かります。グレースケールの値として単に元画像のGの値を使ってみても、それなりにグレースケールっぽい結果になるのはこのためです。ぜひ、上の変換式を修正して、いろいろなケースを試してみてください。

5-4-3　ノイズ

次はノイズを加えてみます。

●ファイル：pixel_array04_noise.py

```python
def process_pixels(data):
    """ process pixels """
    for ypos in range(250):
        for xpos in range(250):
            val = data[xpos][ypos]

            rand = randint(-127, 127)
            rval, gval, bval, _ = SURFACE.unmap_rgb(val)

            rval = max(0, min(255, rval + rand))
            gval = max(0, min(255, gval + rand))
            bval = max(0, min(255, bval + rand))

            data[xpos][ypos] = (rval, gval, bval)
```

　`rand = randint(-127, 127)`で乱数を生成し、その値を赤、青、緑、それぞれの成分に加えています。乱数の範囲を狭めるとノイズの程度が小さくなります。
　計算した結果が0～255の範囲に収まるように、`max()`と`min()`を組み合わせています。なぜ以下の式の戻り値が0～255に収まるのか詳しく見てみましょう。

`max(0, min(255, 任意の値))`

　このように入れ子になった式は内側から見てゆきます。`min`は引数のうち小さいほうを返します。よって、`min(255, 任意の値)`の戻り値は必ず255より小さくなります。一方、`max`は引

数のうち大きいほうを返します。よって、max(0, minの戻り値)は0以上255以下となります。

5-4-4　輝度

画像の明るさ（輝度）を調整してみます。

●ファイル：pixel_array05_brightness.py
```python
def process_pixels(data):
    """ process pixels """
    brightness = 1.5

    for ypos in range(250):
        for xpos in range(250):
            val = data[xpos][ypos]

            rval, gval, bval, _ = SURFACE.unmap_rgb(val)

            rval = max(0, min(255, int(rval * brightness)))
            gval = max(0, min(255, int(gval * brightness)))
            bval = max(0, min(255, int(bval * brightness)))

            data[xpos][ypos] = (rval, gval, bval)
```

　処理内容は非常にシンプルです。それぞれのピクセルのRGB成分に一定の値brightnessを掛け合わせます。あとはその範囲が0〜255に収まるようにしているだけです。brightness

の値を変えてどのように変化するか確認してください。

5-4-5　変形（波1）

サインカーブを使って面白い効果を演出してみましょう。

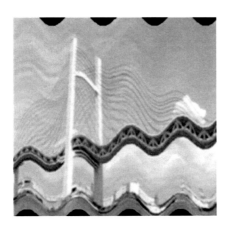

●ファイル：pixel_array06_wave0.py

```python
""" pixel_array06_wave0.py """
import sys
from math import pi, sin, floor
import pygame
from pygame.locals import QUIT

pygame.init()
SURFACE = pygame.display.set_mode((250, 250))
FPSCLOCK = pygame.time.Clock()

def process_pixels(src_data, dst_data):
    """ process pixels """
    waves = 4
    radius = 10
    wave_freq = (waves * pi * 2) / 250

    for xpos in range(250):
        y_offset = floor(sin(xpos * wave_freq) * radius)
```

```python
        for ypos in range(250):
            if 0 <= ypos + y_offset < 250:
                val = src_data[xpos][ypos + y_offset]

                rval, gval, bval, _ = SURFACE.unmap_rgb(val)
                dst_data[xpos][ypos] = (rval, gval, bval)


def main():
    """ main routine """
    src = pygame.image.load("picture0.jpg").convert()
    dst = pygame.Surface((250, 250), 0, SURFACE)
    src_data = pygame.PixelArray(src)
    dst_data = pygame.PixelArray(dst)
    process_pixels(src_data, dst_data)
    del src_data
    del dst_data

    while True:
        for _ in pygame.event.get(QUIT):
            pygame.quit()
            sys.exit()
        SURFACE.blit(dst, (0, 0))
        pygame.display.update()
        FPSCLOCK.tick(5)


if __name__ == '__main__':
    main()
```

　これまでのサンプルではピクセル値を変更するだけだったので、元画像のピクセルデータを直接変更していました。今回はピクセルを移動するため、元画像と加工後の画像の2つを使用しています。

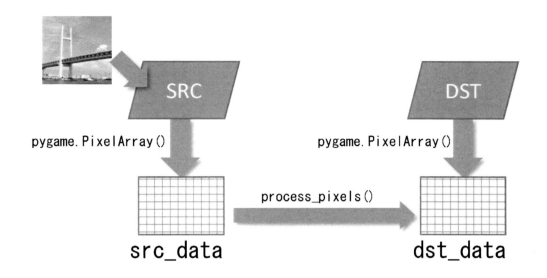

　元画像をpygame.image.loadで読み込んでsrcオブジェクトを取得します。加工後の画像dstはpygame.Surface((250, 250))で作成します。これらSurfaceオブジェクトから、ピクセル配列src_dataとdst_dataを取得します。process_pixels()関数は元画像を参照しながら、加工後の画像を生成します。最終的に画面に描画されるのは加工後の画像dstとなります。

　process_pixels()関数で「どのように波打った画像を作っているか」以下の図を使って説明します。画像の上辺をx軸とするサインカーブを計算します。そして、左列から順番に各列をコピーしてゆきますが、その際どの高さからコピーするかをサインカーブに合わせて変化させます。

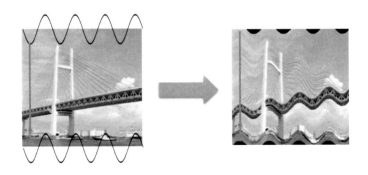

　たとえば、左から30ピクセル程度にある縦線を考えてみます。サインカーブの振幅はちょうど大きくなっている辺りなので、その場所から下方向へ高さ分（250ピクセル分）コピーします。するとコピー先の画像ではその列が上にずれたように見えます。これを繰り返してコピー

先画像を作ることで波打ったような画像ができるのです。

では、どのように実装されているか詳しくコードを見てみましょう。

```python
def process_pixels(src_data, dst_data):
    """ process pixels """
    waves = 4
    radius = 10
    wave_freq = (waves * pi * 2) / 250

    for xpos in range(250):
        y_offset = floor(sin(xpos * wave_freq) * radius)
        for ypos in range(250):
            if 0 <= ypos + y_offset < 250:
                val = src_data[xpos][ypos + y_offset]

                rval, gval, bval, _ = SURFACE.unmap_rgb(val)
                dst_data[xpos][ypos] = (rval, gval, bval)
```

x軸方向へコピーをしてゆくので、外側のfor文をx軸方向に使用しています。内側のfor文は縦方向（y軸方向）へのコピーに使用します。元画像のコピーを開始するy座標をy_offsetとして計算しています。

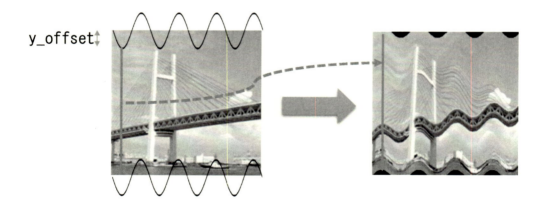

x座標の変化に応じてサインカーブを描くようにy_offsetの値を変化させています。y + y_offsetがコピー元画像のy座標値になりますが、これが0から250の範囲に収まる場合のみ、値をコピーするようにしています。

波の数は変数wavesに、振幅の大きさは変数radiusに格納しています。今回のコードで一

一番難しいのが、y_offset = floor(sin(xpos * wave_freq) * radius)の部分でしょう。なぜこのような計算式になるのか以下に説明します。

1つの波をつくるのに1回転分（2π）の中心角が必要です。今回は幅250ピクセルに4つの波をつくることにしました。求めたいのは"座標xにおける回転角"です。xに応じてy_offsetを変化させるからです。

ここで、

250 : 4×2π ＝ x : xにおける回転角

という比例式を変形し

xにおける回転角 ＝ x×（4×2π）÷250

という式を導くことができます。

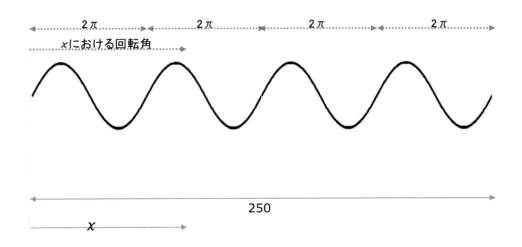

xの値に応じて回転角を毎回計算してもよいのですが、定数部分は事前に計算しておくと計算量を削減することができます。そこで、（4×2π）÷250の定数部分をwave_freqに格納します。

wave_freq = (waves * pi * 2) / 250

こうすれば、x×wave_freqでxにおける回転角を簡単に求めることができるようになります。sin(中心角)の値が求まれば、あとはその値に振幅radiusを掛けるだけです。

ここまで以下の計算式の意味について説明してきました。

y_offset = floor(sin(xpos * wave_freq) * radius)

たった1行の短いコードですが、これだけで面白い効果が実現できました。wave_freqやradiusなどのパラメータを変化させ、描画がどのように変わるか確認してください。

5-4-6　変形（波2）

●ファイル：pixel_array06_wave1.py

```
def process_pixels(src_data, dst_data):
    """ process pixels """
    waves = 4
    radius = 10
    wave_freq = (waves * pi * 2) / 250

    for ypos in range(250):
        x_offset = floor(sin(ypos * wave_freq) * radius)

        for xpos in range(250):
            if 0 <= xpos + x_offset < 250:
                val = src_data[xpos + x_offset][ypos]

                rval, gval, bval, _ = SURFACE.unmap_rgb(val)

                dst_data[xpos][ypos] = (rval, gval, bval)
```

前の例とほぼ同じです。x軸とy軸を入れ替え、列単位ではなく行単位でずらしながらコピー

することで、波の方向を変化させています。コードの内容はほぼ同じなので、前の例と見比べながら読み進めてください。

5-4-7　変形（波3）

●ファイル：pixel_array06_wave2.py
```python
def process_pixels(src_data, dst_data):
    """ process pixels """
    radius = 0
    waves = 8
    steps = (waves * pi * 2) / 250

    for ypos in range(250):
        radius += steps
        y_offset = floor(cos(radius) * 10 + ypos)
        y_offset = max(0, min(249, y_offset))

        for xpos in range(250):
            val = src_data[xpos][y_offset]

            rval, gval, bval, _ = SURFACE.unmap_rgb(val)

            dst_data[xpos][ypos] = (rval, gval, bval)
```

前の例と同じように行単位（y軸方向）にコピーしています。前例ではサインカーブを使ってx軸のコピー開始位置x_offsetを変化させましたが、今回はコピー元のy軸座標を変化させています。

```
for ypos in range(250):
    radius += steps
    y_offset = floor(cos(radius) * 10 + ypos)
    y_offset = max(0, min(249, y_offset))
```

yposの増加に応じてradiusも増えてゆきます。y_offsetはcos(radius)から求めています。つまり、y_offsetはyposの関数となり、yの変化に応じてコピー元のy座標（行）が変化します。

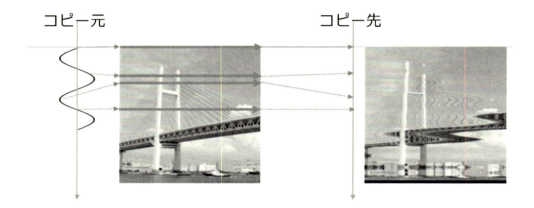

5-4-8　エッジ検出

今度は趣をかえて輪郭抽出をしてみます。

●ファイル：pixel_array07_edge.py

```python
def process_pixels(src_data, dst_data):
    """ process pixels """
    intensity = 10

    for ypos in range(1, 250):

        for xpos in range(1, 250):

            val_l = src_data[xpos-1][ypos]  # left pixel
            val_u = src_data[xpos][ypos-1]  # up pixel
            val = src_data[xpos][ypos]  # target

            rval_l, gval_l, bval_l, _ \
                = SURFACE.unmap_rgb(val_l)
            rval_u, gval_u, bval_u, _ \
                = SURFACE.unmap_rgb(val_u)
            rval, gval, bval, _ = SURFACE.unmap_rgb(val)

            rval = min((abs(rval_l - rval) \
                +abs(rval_u - rval)) * intensity, 255)
            gval = min((abs(gval_l - gval) \
                +abs(gval_u - gval)) * intensity, 255)
            bval = min((abs(bval_l - bval) \
```

```
                    +abs(bval_u - bval)) * intensity, 255)

             dst_data[xpos][ypos] = (rval, gval, bval)
```

どのように輪郭抽出をするか下図を使って説明します。横方向に線を引いて左から順にピクセル値を調べてゆきます。値が急激に変化した座標に印をつけます。

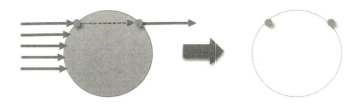

同様に縦方向にも同じ処理を行います。

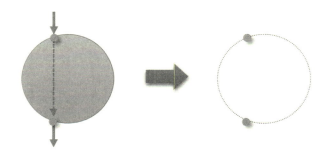

このように縦方向、横方向と2回処理を行ってもよいのですが、今回のサンプルでは処理負担を軽減させるため、一回の処理で縦方向と横方向を処理しています。あるピクセル (i3) に着目します。上 (i2) と左 (i1) を求め、現在のピクセル値との差分を計算します。

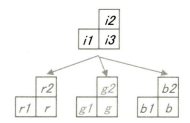

R成分の計算式を以下に示します。

```
rval = min((abs(rval_l - rval) +abs(rval_u - rval)) * intensity,
255)
```

上にあるピクセルr2との差分をabs(rval_u - rval)で求め、左にあるピクセルr1との差分をabs(rval_l - rval)で求め、それらの合計値にintensityを掛けています。abs()は絶対値を返す関数です。絶対値とは正・負関係なく考えたときの値です。たとえばabs(3)もabs(-3)も3を返します。よって、rval_u - rvalが正でも負でも変化が大きければabs(rval_u - rval)は大きな正の数となります。この計算をR、G、Bそれぞれについて行い、その値を変換後の画像の値としています。

これまでの例と違って、xもyも1からループが始まっています。

```
    for ypos in range(1, 250):
        for xpos in range(1, 250):
```

これは上・左のピクセル値を取得するためです。

5-4-9　エンボス

エンボス（emboss）とは"浮き上がらせる"という意味です。そんな画像処理をしてみましょう。

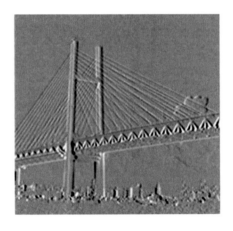

●ファイル：pixel_array08_emboss.py
```
def process_pixels(src_data, dst_data):
    """ process pixels """
    bg_r, bg_g, bg_b = 128, 128, 128
    power = 3
```

第5章　〈2D編－1〉画像処理　| 135

```
    for ypos in range(0, 250):

        for xpos in range(1, 250):

            val_l = src_data[xpos-1][ypos]  # left pixel
            val = src_data[xpos][ypos]  # target

            rval_l, gval_l, bval_l, _ \
                = SURFACE.unmap_rgb(val_l)

            rval, gval, bval, _ = SURFACE.unmap_rgb(val)

            rval = min(max(bg_r + floor((rval - rval_l) * power),
                     0), 255)
            gval = min(max(bg_g + floor((gval - gval_l) * power),
                     0), 255)
            bval = min(max(bg_b + floor((bval - bval_l) * power),
                     0), 255)

            dst_data[xpos][ypos] = (rval, gval, bval)
```

処理内容は輪郭抽出によく似ています。エンボス加工をする場合、ピクセル値の変化が大きいところに大きい値を書き込みます。その際、どの方向からの変化を計算するかによって、浮き上がる画像が変化します。

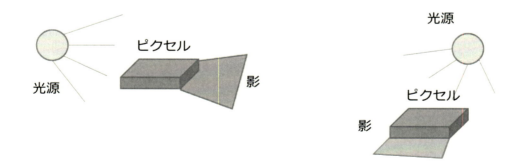

ちょうどピクセルの変化度合を高さとして、任意の方向から光源をあてて影をつくるようなイメージです。今回はコードを短くするために左方向からの変化分を計算しています。
　まず、デフォルトの状態として、RGBそれぞれを128で初期化します。powerは差異を何倍するかという定数です。この値を変化させ画像がどう変わるか確認してみてください。

```
bg_r, bg_g, bg_b = 128, 128, 128
power = 3
```

　右のピクセルのインデックスと現在のピクセルのインデックスを以下のように計算し、

```
val_l = src_data[xpos-1][ypos]   # left pixel
val = src_data[xpos][ypos]   # target
```

RGBそれぞれに対して差分に応じた値を出力画像に設定しています。

```
rval = min(max(bg_r + floor((rval - rval_l) * power), 0), 255)
```

　変化分（rval - rval_l）にpowerを掛け合わせ、デフォルト値bg_rを加えています。その範囲が0から255に収まるようにしています。
　後の処理は輪郭抽出と同じです。今回の例では左からの差分を計算しましたが、上・下・右からの変化分を計算すると画像のイメージも変化するでしょう。ぜひ試してみてください。

5-4-10　ぼかし

　ぼやけたイメージにする"ぼかし"です。ピンボケしたイメージを作り出すことができます。

●ファイル：pixel_array09_blur.py
```
def process_pixels(src_data, dst_data):
    """ process pixels """
```

```
        power = 2

    for ypos in range(0, 250):
        for xpos in range(0, 250):
            r_total, g_total, b_total = 0, 0, 0
            colors = 0

            for diff_y in range(-power, power+1):
                for diff_x in range(-power, power+1):
                    (pos_x, pos_y) = (xpos + diff_x, ypos + diff_y)
                    if 0 <= pos_x < 250 and 0 <= pos_y < 250:
                        val = src_data[pos_x][pos_y]
                        rval, gval, bval, _ = SURFACE.unmap_rgb(val)
                        r_total += rval
                        g_total += gval
                        b_total += bval
                        colors += 1

            rval = int(r_total / colors)
            gval = int(g_total / colors)
            bval = int(b_total / colors)
            dst_data[xpos][ypos] = (rval, gval, bval)
```

処理内容はシンプルです。あるピクセルに注目し、その周囲のピクセルの平均値を計算します。その値を出力画像のピクセル値にしているだけです。

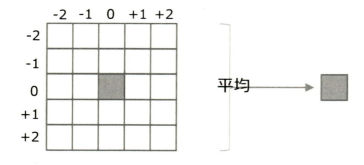

平均をとる範囲は変数powerで調整しています。今回は上下左右±2の範囲としています。範囲を広くするとよりぼけた感じになります。

以下のコードで平均値を計算しています。

```
r_total, g_total, b_total = 0, 0, 0
colors = 0


for diff_y in range(-power, power+1):
    for diff_x in range(-power, power+1):
        (pos_x, pos_y) = (xpos + diff_x, ypos + diff_y)
        if 0 <= pos_x < 250 and 0 <= pos_y < 250:
```

平均を計算するためRGB成分の合計値とピクセルの数colorsを0で初期化します。注目している画像の座標は（x,y）です。for文を使ってこの座標の周囲±2 (power)を走査しています。たとえば外側のループは以下のようになります。

```
for diff_y in range(-power, power+1):
```

diff_yを-2〜2まで繰り返すのです。これにより2行上から2行下までの範囲が対象となります。x座標でも同じことを行います。以下のif文では座標が範囲外にならないようにチェックしています。

```
if 0 <= pos_x < 250 and 0 <= pos_y < 250:
```

あとは、以下のようにそれぞれのピクセル値をRGB毎に加算してゆきます。

```
val = src_data[pos_x][pos_y]
rval, gval, bval, _ =
SURFACE.unmap_rgb(val)
r_total += rval
g_total += gval
b_total += bval
colors += 1
```

最後に出力画像に代入するときに平均値を計算しています。

```
rval = int(r_total / colors)
```

第5章　〈2D編－1〉画像処理 | 139

5-4-11 モザイク

TVなどでもおなじみの効果です。顔や車のナンバープレートなど特定の領域を隠したいような状況で使われます。

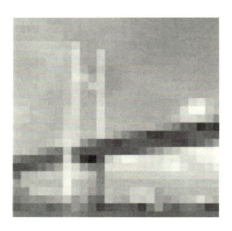

●ファイル：pixel_array10_mosaic.py

```python
def process_pixels(src_data, dst_data):
    """ process pixels """
    for ypos in range(0, 250, 10):
        for xpos in range(0, 250, 10):
            r_total, g_total, b_total = 0, 0, 0

            for y_offset in range(ypos, ypos+10):
                for x_offset in range(xpos, xpos+10):
                    val = src_data[x_offset][y_offset]
                    rval, gval, bval, _ = SURFACE.unmap_rgb(val)
                    r_total += rval
                    g_total += gval
                    b_total += bval

            rval = int(r_total / 100)
            gval = int(g_total / 100)
            bval = int(b_total / 100)
            for y_offset in range(ypos, ypos+10):
                for x_offset in range(xpos, xpos+10):
```

```
                dst_data[x_offset][y_offset] = (rval, gval,
bval)
```

モザイクの処理もぼかしとよく似ています。一定の領域の平均値を求め、その値をその領域全体に書き込みます。

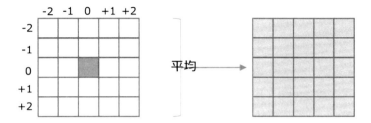

それではコードを見てゆきましょう。外側のfor文ではy座標を、内側のfor文ではx座標をそれぞれ10ずつ増加させています。これは10x10の矩形をモザイクの粒度としているためです。

```
    for ypos in range(0, 250, 10):
        for xpos in range(0, 250, 10):
```

以下の図のように10x10の単位で処理を行ってゆきます。

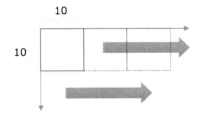

各領域ではまずR,G,B値の合計を求めています。

```
            for y_offset in range(ypos, ypos+10):
                for x_offset in range(xpos, xpos+10):
                    val = src_data[x_offset][y_offset]
                    rval, gval, bval, _ = SURFACE.unmap_rgb(val)
                    r_total += rval
                    g_total += gval
                    b_total += bval
```

そして、合計値を100（＝10x10）で割って平均を求め、

```
rval = int(r_total / 100)
gval = int(g_total / 100)
bval = int(b_total / 100)
```

最後に、出力画像に平均値を代入しています。

```
for y_offset in range(ypos, ypos+10):
    for x_offset in range(xpos, xpos+10):
        dst_data[x_offset][y_offset] = (rval, gval, bval)
```

5-4-12 回転1

画像を回転して描画します。

●ファイル：pixel_array11_rotate.py

```
def process_pixels(src_data, dst_data):
    """ process pixels """
    angle = radians(45)
    sin_v, cos_v = sin(angle), cos(angle)

    for ypos in range(250):
        for xpos in range(250):
            pos_x = xpos - 125
```

```
        pos_y = ypos - 125
        x_src = floor((pos_x*cos_v - pos_y*sin_v) + 125)
        y_src = floor((pos_x*sin_v + pos_y*cos_v) + 125)

        if 0 <= x_src < 250 and 0 <= y_src < 250:
            val = src_data[x_src][y_src]
            rval, gval, bval, _ = SURFACE.unmap_rgb(val)
            dst_data[xpos][ypos] = (rval, gval, bval)
```

　画像の回転は回転行列を使用すれば簡単です。ただし、一点注意することがあります。回転に必要な移動量は三角関数を使うので計算結果は小数になります。一方、画像のピクセルの座標（x,y）は整数です。よって、三角関数を使った計算結果を整数に変換するときに誤差が生じる可能性があるのです。

　たとえば、画像の中心を軸として56°回転したとします。

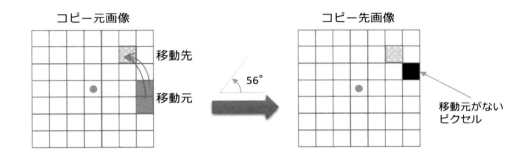

　すべてのピクセルについて56°回転した移動先の座標を計算します。すると、小数点を整数に変換する際の誤差が原因で、複数のピクセルが同じ移動先になってしまうことがあります。こうなると生成後の画像に、どこからもコピーされない空白ピクセルが生じてしまいます。

　このような状況を避けるためには発想の転換が必要です。コピー元の各ピクセルについて移動先を計算するのではなく、コピー先画像の各ピクセルを逆方向に回転させて、コピー元のピクセルを探すのです。このアプローチをとることで、空白ピクセルをなくすことができます。

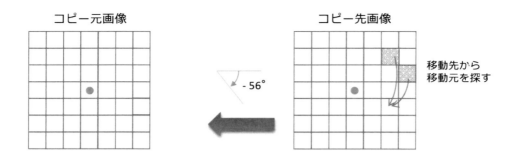

それではソースコードを見てゆきましょう。まず回転行列用のcosとsinを事前に計算しておきます。

```
angle = radians(45)
sin_v, cos_v = sin(angle), cos(angle)

for ypos in range(250):
    for xpos in range(250):
        pos_x = xpos - 125
        pos_y = ypos - 125
```

二重ループはコピー先のピクセルを順番に取り出すためのものです。画像の中心を軸に回転させるためxposとyposから125を引いて、中心を原点とする座標pos_x, pos_yを求めています。これらの値と回転行列を使って、コピー元の座標（x_src, y_src）を求めます。

回転行列は行列の章で説明したとおりです。以下の式を使います。

$$\begin{pmatrix} p \\ q \end{pmatrix} = \begin{pmatrix} \cos\theta & -\sin\theta \\ \sin\theta & \cos\theta \end{pmatrix} \begin{pmatrix} x \\ y \end{pmatrix} \Longrightarrow \begin{array}{l} p = x \cdot \cos\theta - y \cdot \sin\theta \\ q = x \cdot \sin\theta + y \cdot \cos\theta \end{array}$$

この式をコードに落とし込むと以下のようになります。125減じた分を足し戻しています。

```
x_src = floor((pos_x*cos_v - pos_y*sin_v) + 125)
y_src = floor((pos_x*sin_v + pos_y*cos_v) + 125)
```

コピー元の座標（x_src, y_src）が求められたら、範囲を調べた上でコピーを行います。このような処理をおこなうことで画像を回転することができます。回転行列の威力を垣間見ることができたのではないでしょうか。

5-4-13　回転2

渦巻き状の回転です。

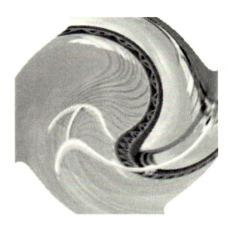

●ファイル：pixel_array12_spiral.py

```python
def process_pixels(src_data, dst_data):
    """ process pixels """
    distance = hypot(250, 250)
    scale = radians(360) / distance

    for ypos in range(250):
        for xpos in range(250):
            pos_x = xpos - 125
            pos_y = ypos - 125
            angle = hypot(pos_x, pos_y) * scale
            sin_v, cos_v = sin(angle), cos(angle)

            x_src = floor((pos_x*cos_v - pos_y*sin_v) + 125)
            y_src = floor((pos_x*sin_v + pos_y*cos_v) + 125)

            if 0 <= x_src < 250 and 0 <= y_src < 250:
                val = src_data[x_src][y_src]
                rval, gval, bval, _ = SURFACE.unmap_rgb(val)
                dst_data[xpos][ypos] = (rval, gval, bval)
```

コードは前項の「回転1」とほとんど同じです。「回転1」は回転角が固定だったのに比べ、本項の「回転2」は中心からの距離に応じて回転角を変化させている点だけが異なります。その様子を以下の図に示します。

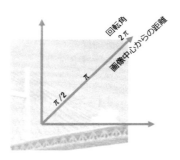

hypot(pos_x, pos_y) が中心からの距離です。これに一定の比率 scale を掛け合わせ三角関数の引数にしています。つまり、中心から離れるほど回転の度合いが大きくなることが分かります。

5-4-14　波紋

最後は波紋です。水滴が落ちたような効果です。

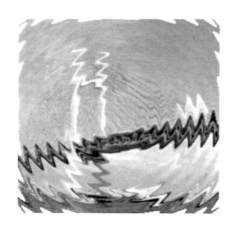

●ファイル：pixel_array13_ripple.py
```
def process_pixels(src_data, dst_data):
    """ process pixels """
    waves = 25
    distance = hypot(250, 250)
```

```python
    scale = pi * 2 * waves / distance

    for ypos in range(250):
        for xpos in range(250):
            pos_x = xpos - 125
            pos_y = ypos - 125
            angle = sin(hypot(pos_x, pos_y) * scale) * radians(5)
            sin_v, cos_v = sin(angle), cos(angle)

            x_src = floor((pos_x*cos_v - pos_y*sin_v) + 125)
            y_src = floor((pos_y*cos_v + pos_x*sin_v) + 125)

            if 0 <= x_src < 250 and 0 <= y_src < 250:
                val = src_data[x_src][y_src]
                rval, gval, bval, _ = SURFACE.unmap_rgb(val)
                dst_data[xpos][ypos] = (rval, gval, bval)
```

　これも前項の「回転2」とほとんど同じです。「回転2」では中心からの距離に比例して回転角を求めていました。波紋の例では、中心からの距離を引数としてsinを計算しています。

```python
angle = sin(hypot(pos_x, pos_y) * scale) * radians(5)
```

　これによって、中心からの距離に応じて波打つような回転角が求まります。
　画像の中心からの距離と回転角の関係について、「回転2」と今回の波紋を比較すると以下のようになります。

第5章　〈2D編−1〉画像処理　147

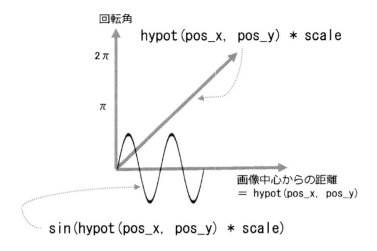

ちょっとした変更で画像処理の効果が大きく変わることがわかります。

ここまでいろいろな画像処理について見てきました。三角関数を使うと面白い効果を得られることが実感できたと思います。準備運動はこのくらいで十分でしょう。次章からいよいよ本題の物理エンジンに突入です。

6

第6章 〈2D編-2〉物理エンジン

●

拙著『ゲームで学ぶJavaScript入門 HTML5&CSSも身につく！』で簡易2D物理エンジン「Tiny2D.js」を実装しました。本章ではそのPython版について詳しく解説します。Tiny2D.jsは、角速度や質量は考慮しない、矩形と円・線しかサポートしないなど、物理エンジンと名乗るには僭越なほどシンプルなものです。しかしながら、シンプルなだけに使い方も簡単で、改造も容易です。「百聞は一見にしかず」です。まずはサンプルを実行してみて、どのような動きをするのか確かめてください。

6-1　物理エンジンとは

「Angry Bird」など物理エンジンを活用したパズル系のゲームが人気です。物理エンジンとは、さまざまな物理法則をシミュレートし、物体の衝突や動きを計算するものです。物理エンジンを利用することで実世界のようなリアルな動きを再現できます。ただし、リアルな動きを再現するためには、摩擦、衝突、慣性、重力、運動量保存、重心、角速度……といったさまざまな物理法則に基づいた計算を行う必要がありますが、その実装は容易ではありません。そこで、多くのゲームでは既存の物理エンジンライブラリを利用しています。代表的なライブラリにUnity、Unreal Engine、といったものがあります。ライブラリを使うと複雑な物理計算を自分で行わなくて済みますが、それでもライブラリの習得には時間と労力がかかります。そこで、本章では極限までシンプルな物理エンジンを自分で作ることにしました。

6-1-1　物理エンジンの仕組み

一般的な物理エンジンでは、最初に仮想的な空間を用意して、その中にオブジェクトを配置します。2次元エンジンなら矩形、円、ポリゴンを、3次元のエンジンであれば立方体や球となるでしょう。エンジンによっては複雑な形状を指定したり、それらを組み合わせたりすることが可能です。それぞれのオブジェクトは固定されているものと動きのあるものに大別されますが、動いているものであれば速度や加速度、回転といったパラメータを指定します。

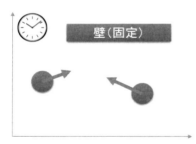

初期化がおわったら、この仮想世界の時間を少しだけ進めます。すると、速度の設定されているオブジェクトは新しい場所へ移動します。重力加速度が設定されている場合は、その加速度も考慮します。場所の移動が完了したら画面を更新します。

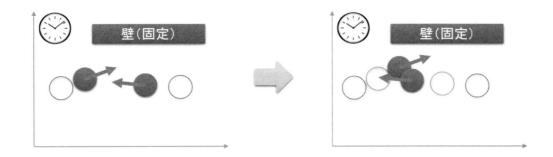

　この作業を繰り返し行います。するとそのうちオブジェクト同士が衝突をします。衝突したらオブジェクトの向きや速度を変化させます。物理エンジンの基本的な動作はこれを繰り返すだけです。

時計を進めて場所を計算　→　描画　→　時計を進めて場所を計算　→　描画　→…

　このように物理エンジンの原理は簡単です。面倒なのは移動や衝突時の計算です。以下のような処理を計算で求める必要があります。

・オブジェクトの位置計算（速度・加速度・摩擦・重力・回転等）
・衝突判定
・衝突時の処理（反発係数・重力・エネルギー保存則等）

　これらの計算をどれだけ正確に行うか、どの程度複雑な形状（とその組み合わせ）をサポートするか、といったところが物理エンジンの特徴につながってゆきます。今回のエンジンはあくまでも入門用なので円・矩形・直線しかサポートしません。またオブジェクトの回転もサポートしません。移動するのは円のみで矩形と直線は仮想空間内で固定されているものとします。かなり割り切った仕様ですが、シンプルなゲームには十分利用できます。「それでは早速どのように実装されているか見てゆきましょう」と言いたいところですが、まずは前提知識をおさらいします。

6-2 衝突判定

衝突判定は物理エンジンの要といっても過言ではありません。以下、いろいろなケースにおける衝突判定について見てゆきます。

6-2-1 円と円の衝突判定

円と円の衝突は三平方の定理を使って簡単に判別することができます。中心座標 (x0, y0) 半径 r0 の円と、中心座標 (x1, y1) 半径 r1 の円があったとします。

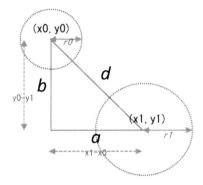

それらの中心座標間の距離 d は三平方の定理（）より以下の式で求められます。

$$(d: 中心座標間の距離)^2 = (x1 - x0)^2 + (y0 - y1)^2$$
$$d = \sqrt{(x1 - x0)^2 + (y0 - y1)^2}$$

あとは d の値と r0 と r1 の合計値を比較するだけです。

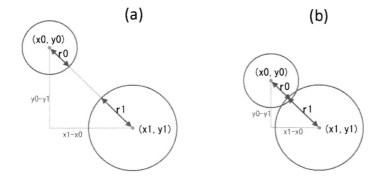

（a） d > r0 + r1の場合　→　円は衝突していない
（b） d < r0 + r1の場合　→　円は衝突している

衝突している場合は物体の向きを変更する処理を行うことになります。その計算については後述します。

6-2-2　円と矩形の衝突判定

いろいろな判定方法がありますが、今回の実装では以下のように判定しています。
1. 矩形の4辺の上で円の中心座標に一番近い座標をx軸、y軸と順番に求める。
2. 手順1で求めた座標と円の中心座標までの距離を求める。
3. 手順2で求めた距離が円の半径より小さい場合衝突していたとみなす。

まずx軸方向の中心座標を求めます。
1. 円の中心が矩形の左端より左にある場合は、矩形の左端のx座標
2. 円の中心が矩形の左右に収まる場合は、円の中心のx座標
3. 円の中心が矩形の右端より右にある場合は、矩形の右端のx座標

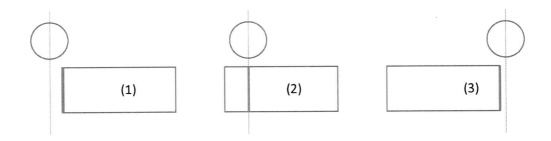

y軸方向の中心座標も同様に求めます。
1. 円の中心が矩形の上端より上にある場合は、矩形の上辺のy座標

2. 円の中心が矩形の上下に収まる場合は、円の中心のy座標
3. 円の中心が矩形の下端より下にある場合は、矩形の下辺のy座標

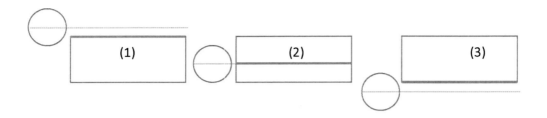

このようにして求めた矩形の4辺上の座標と円の中心座標を比較します。あとは円と円との衝突判定で行った計算と同じです。具体例を見てみましょう。円の半径をr、円の中心座標と近接点の距離をdとします。

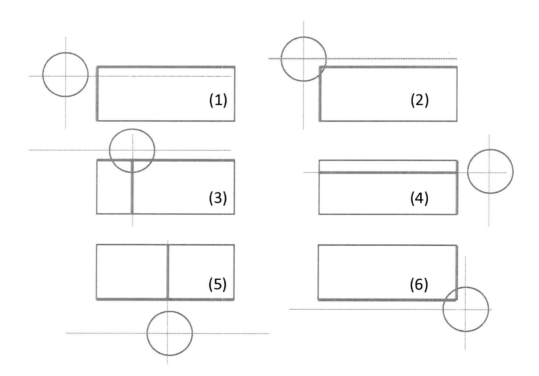

（1）d＞r →衝突していない
（2）r＞d →衝突している
（3）r＞d →衝突している
（4）d＞r →衝突していない

（5）d＞r →衝突していない
（6）r＞d →衝突している

このように円と矩形の衝突も円と円の衝突のように求めることができます。

6-2-3　移動する円と線の衝突判定

この判定方法は少々複雑なので結論だけ説明します。

※詳細はhttp://stackoverflow.com/questions/563198/how-do-you-detect-where-two-line-segments-intersectおよびhttp://marupeke296.com/COL_2D_No10_SegmentAndSegment.htmlを参照。

中心座標を(x,y)とする円が、速度v1で移動しています。ある時刻tからt+1に時計を進めたとします。円は速度v1分移動しますが、その途中に壁があったとします。その壁は線分(x0,y0)-(x1,y1)で表されますが、円は壁にぶつかるので適切な処理をする必要があります。

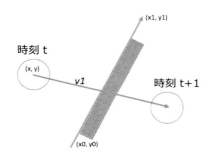

このように、中心座標が(x,y)で速度v1で移動する円と、線分(x0,y0)-(x1,y1)と交差するか否かを判定するには以下のようなベクトル計算を行います。

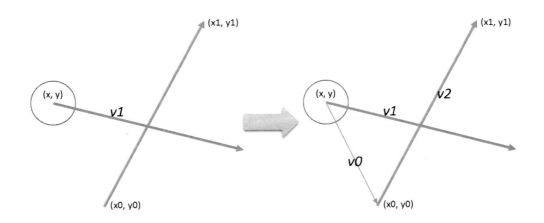

円の速度をv1、線分の始点から終点へのベクトルをv2、円の中心から線分の始点へのベクト

ルをv0とします。①v1とv2の外積をT、②v0とv1の外積をTで割ったものをT1、③v0とv2の外積をTで割ったものをT2と、それぞれ計算で求めます。

```
T  =  v1  ×  v2      ①
T1 = ( v0 × v1 ) / T    ②
T2 = ( v0 × v2 ) / T    ③
```

T1が0から1の範囲に、かつ、T2が0から1の範囲に収まっていれば円は線分に衝突します。要するに、外積を計算するだけで円が線分に衝突するか否かを検出できるのです。2つの線分が交差しているか否か判定する方法には、ほかにも連立方程式を解く手法などがあるようです。興味のある方は"線分の交差判定"などのキーワードで調べてみてください。

ここまでの説明を整理すべく簡単なサンプルを作ってみました。内積、外積、線分の衝突を検出するプログラムです。物理エンジンを実装前に正しく衝突判定ができるかどうか確認するために作りました。

●ファイル：vector_calc.py

```python
""" vector_calc.py sample """
import sys
from math import floor
import pygame
from pygame.locals import MOUSEBUTTONDOWN,\
```

```
    MOUSEBUTTONUP, MOUSEMOTION, QUIT

pygame.init()
SURFACE = pygame.display.set_mode((500, 800))
FPSCLOCK = pygame.time.Clock()

def cross(vec1, vec2):
    """ ベクトルの外積を返す """
    return vec1[0]*vec2[1] - vec1[1]*vec2[0]

def dot(vec1, vec2):
    """ ベクトルの内積を返す """
    return vec1[0]*vec2[0] + vec1[1]*vec2[1]

def coord(pos):
    """ マス目の座標を画面上のx,y座標値へ変換 """
    return (pos[0] * 50 + 250, -pos[1] * 50 + 250)

def vec(pos0, pos1):
    """ 2点間を結ぶベクトルを返す """
    return (pos1[0] - pos0[0], pos1[1] - pos0[1])

def main():
    """ main routine """
    click_count = 0
    click_pos = None
    focus_pos = None
    seg1 = ((0, 0), (0, 0))
    seg2 = ((0, 0), (0, 0))
    sysfont = pygame.font.SysFont(None, 24)

    while True:
        for event in pygame.event.get():
            if event.type == QUIT:
```

第6章 〈2D編 − 2〉物理エンジン　157

```python
                pygame.quit()
                sys.exit()
        elif event.type == MOUSEBUTTONDOWN:
            xpos = floor((event.pos[0] - 225) / 50)
            ypos = floor((event.pos[1] - 225) / 50)
            click_pos = (xpos, -ypos)
            focus_pos = (xpos, -ypos)
        elif event.type == MOUSEMOTION:
            xpos = floor((event.pos[0] - 225) / 50)
            ypos = floor((event.pos[1] - 225) / 50)
            if click_pos:
                focus_pos = (xpos, -ypos)
        elif event.type == MOUSEBUTTONUP:
            if click_count % 2 == 0:
                seg1 = (click_pos, focus_pos)
            else:
                seg2 = (click_pos, focus_pos)
            click_count += 1
            click_pos = None


    # グラフ領域描画
    SURFACE.fill((0, 0, 0))
    for ypos in range(0, 500, 50):
        for xpos in range(0, 500, 50):
            pygame.draw.ellipse(SURFACE, (64, 64, 64),
                                (xpos-2, ypos-2, 4, 4))

    pygame.draw.line(SURFACE, (0, 0, 255),
                     (250, 0), (250, 500), 3)
    pygame.draw.line(SURFACE, (0, 0, 255),
                     (0, 250), (500, 250), 3)

    pygame.draw.line(SURFACE, (0, 255, 0),
                     coord(seg1[0]), coord(seg1[1]))
```

```python
    pygame.draw.line(SURFACE, (255, 0, 255),
                     coord(seg2[0]), coord(seg2[1]))


    if click_pos and focus_pos:
        pygame.draw.line(SURFACE, (255, 255, 255), \
            coord(click_pos), coord(focus_pos))


    # 情報領域描画
    pygame.draw.rect(SURFACE, (255, 255, 255),
                     (0, 500, 500, 800))


    vec1 = vec(seg1[0], seg1[1])
    vec2 = vec(seg2[0], seg2[1])
    vec0 = vec(seg1[0], seg2[0])
    cv1v2 = cross(vec1, vec2)
    crossed = False
    ratio1 = 0
    ratio2 = 0
    if cv1v2 != 0:
        ratio1 = cross(vec0, vec1) / cv1v2
        ratio2 = cross(vec0, vec2) / cv1v2
        crossed = (0 <= ratio1 <= 1) and (0 <= ratio2 <= 1)


    strings = [
        "V1: {},{}  vector:{}".format(seg1[0], seg1[1], vec1),
        "V2: {},{}  vector:{}".format(seg2[0], seg2[1], vec2),
        "V0: vector:{}".format(vec0),
        "",
        "cross of V1 and V2:{}".format(cross(vec1, vec2)),
        "cross of V0 and V1:{}".format(cross(vec0, vec1)),
        "cross of V0 and V2:{}".format(cross(vec0, vec2)),
        "T  ={}".format(cv1v2),
        "T1 ={}".format(ratio1),
        "T2 ={}".format(ratio2),
```

第 6 章 〈2D 編 − 2〉物理エンジン 159

```
            "Is V1 and V2 crossed:{}".format(crossed)
        ]

    colors = [(0, 128, 0), (255, 0, 255), (255, 0, 0)]
    for index, bitmap_str in enumerate(strings):
        color = colors[index] if index < 3 else (0, 0, 0)
        bmp = sysfont.render(bitmap_str, True, color)
        SURFACE.blit(bmp, (20, index*25+510))
    pygame.display.update()
    FPSCLOCK.tick(10)


if __name__ == '__main__':
    main()
```

行数が長くなっていますが、肝心の箇所は以下の通りです。

```
    vec1 = vec(seg1[0], seg1[1])
    vec2 = vec(seg2[0], seg2[1])
    vec0 = vec(seg1[0], seg2[0])
    cv1v2 = cross(vec1, vec2)
    crossed = False
    ratio1 = 0
    ratio2 = 0
    if cv1v2 != 0:
        ratio1 = cross(vec0, vec1) / cv1v2
        ratio2 = cross(vec0, vec2) / cv1v2
        crossed = (0 <= ratio1 <= 1) and (0 <= ratio2 <= 1)


    strings = [
        "V1: {},{}  vector:{}".format(seg1[0], seg1[1], vec1),
        "V2: {},{}  vector:{}".format(seg2[0], seg2[1], vec2),
        "V0: vector:{}".format(vec0),
        "",
        "cross of V1 and V2:{}".format(cross(vec1, vec2)),
        "cross of V0 and V1:{}".format(cross(vec0, vec1)),
```

160 第6章 〈2D編−2〉物理エンジン

```
        "cross of V0 and V2:{}".format(cross(vec0, vec2)),
        "T  ={}".format(cv1v2),
        "T1 ={}".format(ratio1),
        "T2 ={}".format(ratio2),
        "Is V1 and V2 crossed:{}".format(crossed)
    ]
```

　3つのベクトルvec1、vec2、vec0を初期化しています。cv1v2はvec1とvec2の外積です。これらの値からratio1とratio2を計算し、それらの値が0以上1以下を調べることで、vec1とvec2が衝突しているか否かを判定しています。いろいろなベクトルを使って衝突判定ができているか試してみてください。衝突が検出された場合は円を反射させることになりますが、その計算は次の節で説明します。

第6章　〈2D編 - 2〉物理エンジン　161

6-3 衝突時の処理

6-3-1 動く円と静止円の衝突

　まずは片方の円が停止しているところに、別の円が衝突するケースを考えてみましょう。物理エンジンでは一定期間毎に時間を進めます。実世界では衝突した瞬間に反発しますが、物理エンジンの世界ではそうはいきません。衝突判定されたときには、既に円どうしが重なり合っていますので、まずは重なりを解消します。以下の図のように円の中心を線で結び、その線軸上の反対方向に円を移動させます。片方の円が固定されている場合は反対側の円だけを、両者とも固定されていない場合は重なった距離の半分をそれぞれ移動させます。この際、質量を考慮して移動量を決定したほうがよりリアルになると思いますが、今回はシンプル最優先ということでこのような仕様にしました。

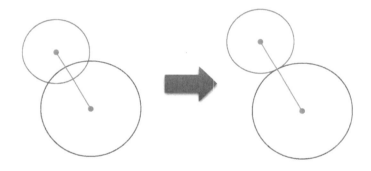

　次に、衝突後に速度ベクトルがどのように変化するか求めましょう。円と円だとややこしいので停止している円を直線で近似します。直線は2つの円の中心を結ぶ線と垂直に交わり、円と接する線とします。イメージを以下に示します。

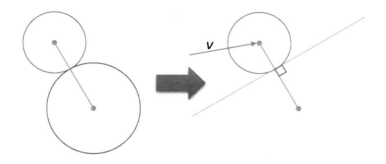

　この図において、円の速度ベクトルvを入射ベクトルとします。計算で求めたいのは反射ベクトルv´です。円が反射する様子を次の図に示します。

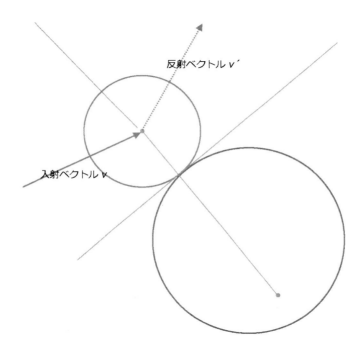

　ベクトルの様子を次の図に示します。

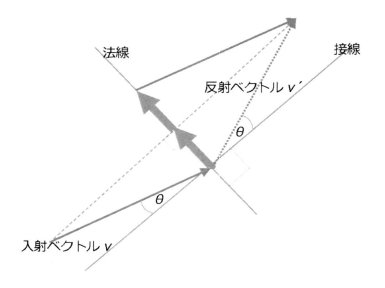

　この反射ベクトルは以下の手順で求めます。
（1）入射ベクトルの法線成分を求めます。法線とは接線と垂直に交わる線のことですが、この法線ベクトルは円の中心を結ぶことで簡単に求まります。その法線ベクトルを長さで割って（＝「長さ分の1」を掛けて）、法線単位ベクトルを求めます。入射ベクトルと法線単位ベクトルの内積が求めるベクトルとなります。
（2）接点を始点とし、法線ベクトルを2倍します。
（3）（2）のベクトルと入射ベクトルを加算します。始点から終点を結ぶベクトルが反射ベクトルとなります。

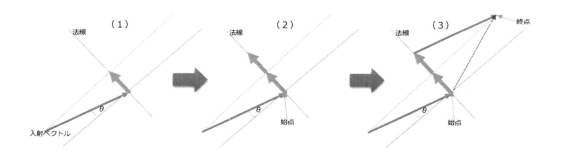

　このような計算を行うことで反射ベクトルを求めることができます。これもベクトルの内積を使うことで簡単に求めることができます。

6-3-2　動く円と動く円の衝突

　動く円と動く円の衝突をどのように処理するか見てゆきましょう。円Aと円Bが衝突した場合を考えてみます。円Aの速度ベクトルを、接線方向の成分と法線方向の成分に分解します。同じように円Bの速度ベクトルも、接線方向と法線方向に分解します。法線の求め方は6-3-1「動く円と静止円の衝突」で説明しました。法線の単位ベクトルと速度ベクトルの内積を求めることで法線成分ベクトルを計算できます。

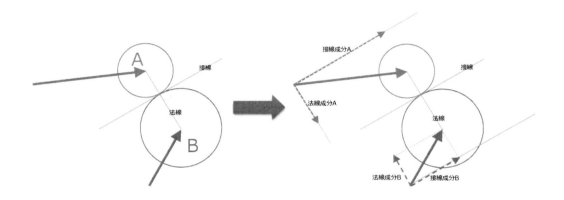

　接線方向の単位ベクトルは法線単位ベクトルから簡単に求めることができます。次の図をご覧ください。x成分とy成分を入れ替えて、y成分の符号を変更するだけで、垂直に交わるベクトルが求められます。三角形が合同なのでベクトルの長さも同じになります。

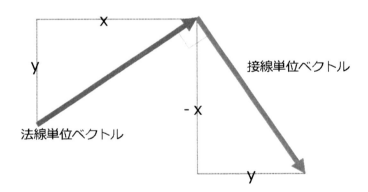

　円Aと円Bの接線方向と法線方向のベクトルを求められたら、あとはそれぞれを加算することで円Aと円Bの衝突後のベクトルを求めることができます。ここまでの説明を整理しましょう。

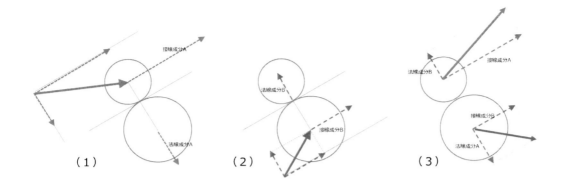

（1）円Aの速度ベクトルを接線成分Aと法線成分Aに分解
（2）円Bの速度ベクトルを接線成分Bと法線成分Bに分解
（3）円Aの衝突後の速度ベクトルは、法線成分Bと接線成分Aの合成、円Bの衝突後の速度ベクトルは接線成分Bと法線成分Aの合成

　本来であれば、それぞれの円の質量や反発係数、エネルギー保存則などを考慮して計算すべきですが、今回はあくまでも入門ということでこのように割り切った仕様としました。

　お疲れ様でした。ベクトルの話はここまでです。全て理解するのは大変だったかもしれません。ただ、"ベクトルは非常に強力だ"ということは伝わったかと思います。入射角、反射角を扱っているのに角度を求める必要はなく、ベクトルの内積と簡単な計算だけで反射ベクトルが求まるのです。自分で角度を計算して反射角を計算する状況を考えてみてください。きっと計算はとても複雑になるはずです。ベクトルのありがたみを実感できるのではないでしょうか。次は、このベクトルの計算をどのようにプログラムに落とし込むかについて説明します。

6-4　物理エンジンのコード詳説

　以下が物理エンジン tiny_2D.py の全コードです。たった250行程度です。

●ファイル：tiny_2D.py

```python
""" tiny_2D.py - tiny 2D physics engine - Copyright 2016 Kenichiro
Tanaka """

from math import hypot


SHAPE_CIRCLE = 3
SHAPE_RECTANGLE = 4
SHAPE_LINE = 5


class Vec():
    """ 2D vector """
    def __init__(self, xpos, ypos):
        self.xpos = xpos
        self.ypos = ypos

    def add(self, vec):
        """ add a vector """
        return Vec(self.xpos + vec.xpos, self.ypos + vec.ypos)

    def mul(self, xscale, yscale):
        """ multiply a vector """
        return Vec(self.xpos * xscale, self.ypos * yscale)

    def dot(self, vec):
        """ inner dot """
        return self.xpos * vec.xpos + self.ypos * vec.ypos

    def cross(self, vec):
        """ cross product """
```

第6章　〈2D編 − 2〉物理エンジン　167

```python
        return self.xpos * vec.ypos - vec.xpos * self.ypos

    def move(self, diffx, diffy):
        """ translate this vector """
        self.xpos += diffx
        self.ypos += diffy


class RectangleEntity():
    """ Rectangle object for tiny_2D """
    def __init__(self, xpos, ypos, width, height):
        self.xpos = xpos
        self.ypos = ypos
        self.width = width
        self.height = height
        self.shape = SHAPE_RECTANGLE
        self.fixed = True
        self.deceleration = 1.0

    def is_hit(self, xpos, ypos):
        """ if the point is included in the rectangle """
        return self.xpos <= xpos <= self.xpos + self.width and \
            self.ypos <= ypos <= self.ypos + self.height


class LineEntity():
    """ Line object for tiny_2D """
    def __init__(self, xpos0, ypos0, xpos1, ypos1,
                 restitution=0.9):
        self.shape = SHAPE_LINE
        self.fixed = True
        self.xpos = (xpos0 + xpos1) / 2
        self.ypos = (ypos0 + ypos1) / 2
        self.pos0 = (xpos0, ypos0)
        self.pos1 = (xpos1, ypos1)
        self.restitution = restitution
```

```python
        self.vec = Vec(xpos1 - xpos0, ypos1 - ypos0)
        scale = 1 / hypot(self.vec.xpos, self.vec.ypos)
        self.norm = Vec(ypos0 - ypos1,
                        xpos1 - xpos0).mul(scale, scale)


class CircleEntity():
    """ Circle object for tiny_2D """
    def __init__(self, xpos, ypos, radius, fixed=False,
                 restitution=0.9, deceleration=1.0):
        self.shape = SHAPE_CIRCLE
        self.fixed = fixed
        self.xpos = xpos
        self.ypos = ypos
        self.radius = radius
        self.restitution = restitution
        self.deceleration = deceleration
        self.accel = Vec(0, 0)
        self.velocity = Vec(0, 0)

    def move(self, diffx, diffy):
        """ translate this object """
        self.xpos += diffx
        self.ypos += diffy

    def is_hit(self, xpos, ypos):
        """ return if xpos & ypos is inside of this """
        distance = hypot(xpos - self.xpos, ypos - self.ypos)
        return distance < self.radius

    def onhit(self, rect):
        """ who wants to recieve callback should override this """
        pass

    def collided_with_rect(self, rect):
```

第 6 章 〈2D 編 − 2〉物理エンジン　169

```python
        """ handle if this circle collided with a rectangle """
        nearx = max(rect.xpos, min(self.xpos,
                                   rect.xpos + rect.width))
        neary = max(rect.ypos, min(self.ypos,
                                   rect.ypos + rect.height))
        if not self.is_hit(nearx, neary):
            return

        self.onhit(rect)


        distance = hypot(nearx - self.xpos, neary - self.ypos)
        overlap = self.radius - distance
        movex, movey = 0, 0

        if neary == rect.ypos:
            movey = -overlap
        elif neary == rect.ypos + rect.height:
            movey = overlap
        elif nearx == rect.xpos:
            movex = -overlap
        elif nearx == rect.xpos + rect.width:
            movex = overlap
        else:
            movex = -self.velocity.xpos
            movey = -self.velocity.ypos


        self.move(movex, movey)


        if movex != 0:
            self.velocity = self.velocity.mul(-self.restitution, 1)
        if movey != 0:
            self.velocity = self.velocity.mul(1, -self.restitution)


    def collided_with_line(self, line):
```

```python
        """ handle if this circle collided with a line """
        vec0 = Vec(line.pos0[0] - self.xpos + self.velocity.xpos, \
                line.pos0[1] - self.ypos + self.velocity.ypos)
        vec1 = self.velocity
        vec2 = Vec(line.pos1[0] - line.pos0[0],
                line.pos1[1] - line.pos0[1])
        cv1v2 = vec1.cross(vec2)
        tv1 = vec0.cross(vec1) / cv1v2
        tv2 = vec0.cross(vec2) / cv1v2

        if 0 <= tv1 <= 1 and 0 <= tv2 <= 1:
            self.move(-self.velocity.xpos, -self.velocity.ypos)
            dot0 = self.velocity.dot(line.norm)
            vec0 = line.norm.mul(-2*dot0, -2*dot0)
            self.velocity = vec0.add(self.velocity)
            self.velocity = self.velocity.mul(
                line.restitution * self.restitution, \
                line.restitution * self.restitution)


    def collided_with_circle(self, peer):
        """ handle if this circle collided with a circle """
        distance = hypot(peer.xpos - self.xpos,
                        peer.ypos - self.ypos)
        if distance > self.radius + peer.radius:
            return

        self.onhit(peer)
        peer.onhit(self)

        distance = 0.01 if distance == 0 else distance
        overlap = self.radius + peer.radius - distance


        vec = Vec(self.xpos - peer.xpos, self.ypos - peer.ypos)
        a_norm = vec.mul(1 / distance, 1 / distance)
```

第 6 章 〈2D編－2〉物理エンジン | 171

```python
        b_norm = a_norm.mul(-1, -1)

    if not self.fixed and peer.fixed:
        self.move(a_norm.xpos * overlap, a_norm.ypos * overlap)
        dot0 = self.velocity.dot(a_norm)
        vec0 = a_norm.mul(-2 * dot0, -2 * dot0)
        self.velocity = vec0.add(self.velocity)
        self.velocity = self.velocity.mul(
            self.restitution, self.restitution)
    elif not peer.fixed and self.fixed:
        peer.move(b_norm.xpos * overlap, b_norm.ypos * overlap)
        dot1 = peer.velocity.dot(b_norm)
        vec1 = b_norm.mul(-2 * dot1, -2 * dot1)
        peer.velocity = vec1.add(peer.velocity)
        peer.velocity = peer.velocity.mul(
            peer.restitution, peer.restitution)
    else:
        self.move(a_norm.xpos * overlap / 2,
                  a_norm.ypos * overlap / 2)
        peer.move(b_norm.xpos * overlap / 2,
                  b_norm.ypos * overlap / 2)

        a_tang = Vec(a_norm.ypos * -1, a_norm.xpos)
        b_tang = Vec(b_norm.ypos * -1, b_norm.xpos)

        a_norm_scale, a_tang_scale = \
        (a_norm.dot(self.velocity),a_tang.dot(self.velocity))
        b_norm_scale, b_tang_scale = \
        (b_norm.dot(peer.velocity),b_tang.dot(peer.velocity))
        a_norm = a_norm.mul(a_norm_scale, a_norm_scale)
        a_tang = a_tang.mul(a_tang_scale, a_tang_scale)
        b_norm = b_norm.mul(b_norm_scale, b_norm_scale)
        b_tang = b_tang.mul(b_tang_scale, b_tang_scale)
```

```python
        self.velocity = Vec(b_norm.xpos + a_tang.xpos,
                            b_norm.ypos + a_tang.ypos)
        peer.velocity = Vec(a_norm.xpos + b_tang.xpos,
                            a_norm.ypos + b_tang.ypos)


class Engine():
    """ tiny_2D engine object """
    def __init__(self, xpos=0, ypos=0, width=1000, height=1000,
                 gravity_x=0, gravity_y=0):
        self.world_x = xpos
        self.world_y = ypos
        self.world_w = width
        self.world_h = height
        self.gravity = Vec(gravity_x, gravity_y)
        self.entities = []


    def set_gravity(self, gravity_x, gravity_y):
        """ set gravity """
        self.gravity = Vec(gravity_x, gravity_y)


    def step(self, elapsed):
        """ move the clock tick a step forward """
        grav = self.gravity.mul(elapsed, elapsed)
        entities = self.entities

        for entity in entities:
            if not entity.fixed:
                accel = entity.accel.mul(elapsed, elapsed)
                entity.velocity = entity.velocity.add(grav)
                entity.velocity = entity.velocity.add(accel)
                entity.velocity = entity.velocity.mul(
                    entity.deceleration, entity.deceleration)
                entity.move(entity.velocity.xpos,
entity.velocity.ypos)
```

```python
        self.entities = list(filter(lambda e: \
            self.world_x <= e.xpos <= self.world_x + self.world_w
and \
            self.world_y <= e.ypos <= self.world_y + self.world_h,
entities))

        for ipos in range(len(entities) - 1):
            for jpos in range(ipos + 1, len(entities), 1):
                ent0, ent1 = entities[ipos], entities[jpos]
                if ent0.fixed and ent1.fixed:
                    continue

                if ent0.shape == SHAPE_CIRCLE and\
                    ent1.shape == SHAPE_CIRCLE:
                    ent0.collided_with_circle(ent1)
                elif ent0.shape == SHAPE_CIRCLE and\
                    ent1.shape == SHAPE_LINE:
                    ent0.collided_with_line(ent1)
                elif ent0.shape == SHAPE_LINE and\
                    ent1.shape == SHAPE_CIRCLE:
                    ent1.collided_with_line(ent0)
                elif ent0.shape == SHAPE_CIRCLE and\
                    ent1.shape == SHAPE_RECTANGLE:
                    ent0.collided_with_rect(ent1)
                elif ent0.shape == SHAPE_RECTANGLE and\
                    ent1.shape == SHAPE_CIRCLE:
                    ent1.collided_with_rect(ent0)
```

それでは順番に見てゆきましょう。まず先頭で定数を定義しています。

```python
SHAPE_CIRCLE = 3
SHAPE_RECTANGLE = 4
SHAPE_LINE = 5
```

ベクトル用のクラスの定義は以下の通りです。Vecはプロパティxposとyposを持ち、add、

mul、dot、cross、moveという5つのメソッドを定義しています。

```python
class Vec():
    """ 2D vector """
    def __init__(self, xpos, ypos):
        self.xpos = xpos
        self.ypos = ypos


    def add(self, vec):
        """ add a vector """
        return Vec(self.xpos + vec.xpos, self.ypos + vec.ypos)


    def mul(self, xscale, yscale):
        """ multiply a vector """
        return Vec(self.xpos * xscale, self.ypos * yscale)


    def dot(self, vec):
        """ inner dot """
        return self.xpos * vec.xpos + self.ypos * vec.ypos


    def cross(self, vec):
        """ cross product """
        return self.xpos * vec.ypos - vec.xpos * self.ypos


    def move(self, diffx, diffy):
        """ translate this vector """
        self.xpos += diffx
        self.ypos += diffy
```

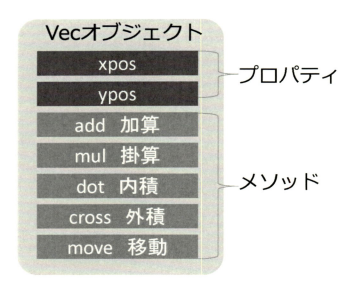

　矩形オブジェクトは以下の通りです。コンストラクタの引数は左上座標（xpos, ypos）と大きさ（width, height）です。

```
class RectangleEntity():
    """ Rectangle object for tiny_2D """
    def __init__(self, xpos, ypos, width, height):
        self.xpos = xpos
        self.ypos = ypos
        self.width = width
        self.height = height
        self.shape = SHAPE_RECTANGLE
        self.fixed = True
        self.deceleration = 1.0

    def is_hit(self, xpos, ypos):
        """ if the point is included in the rectangle """
        return self.xpos <= xpos <= self.xpos + self.width and \
            self.ypos <= ypos <= self.ypos + self.height
```

　プロパティのshapeは形状、fixedは移動するか（False）、固定するか（True）を指定します。矩形はエンジンによる移動対象ではないのでTrueとしています。また、座標（xpos, ypos）とサイズ（width, height）というプロパティも設定しています。deceleration

は減速度合です。矩形は動かさないので1を指定しています。is_hitは衝突判定用のメソッドで、引数(xpos，ypos)が矩形の中にあるときにtrueを返します。

　線オブジェクトは以下の通りです。

```python
class LineEntity():
    """ Line object for tiny_2D """
    def __init__(self, xpos0, ypos0, xpos1, ypos1,
                 restitution=0.9):
        self.shape = SHAPE_LINE
        self.fixed = True
        self.xpos = (xpos0 + xpos1) / 2
        self.ypos = (ypos0 + ypos1) / 2
        self.pos0 = (xpos0, ypos0)
        self.pos1 = (xpos1, ypos1)
        self.restitution = restitution
        self.vec = Vec(xpos1 - xpos0, ypos1 - ypos0)
        scale = 1 / hypot(self.vec.xpos, self.vec.ypos)
        self.norm = Vec(ypos0 - ypos1,
                        xpos1 - xpos0).mul(scale, scale)
```

　コンストラクタの引数は始点(xpos0，ypos0)、終点(xpos1，ypos1)、と反発係数restitutionです。まず、shapeにSHAPE_LINEを、fixedにTrueを指定しています。プロパティ(xpos，ypos)は線分の中点です。また始点・終点もそれぞれプロパティとして保存します。反発係数restitutionは引数で指定された場合はその値を、省略された場合は0.9を使用します。vecは始点から終点を結ぶ線分ベクトルです。ベクトルの長さはmathモジュールに用意されているhypot(self.vec.xpos, self.vec.ypos)関数を使用して求めます。その逆数がscaleです。ベクトルにこのscaleをかけ合わせること（＝「長さ分の1」を掛ける）で単位ベクトルを求めています。normは法線単位ベクトルです。xとyを入れ替えて、scaleを掛けることで求めています。

　円オブジェクトは長いので分割しながら見てゆきましょう。まず定義部分です。

```python
class CircleEntity():
    """ Circle object for tiny_2D """
    def __init__(self, xpos, ypos, radius, fixed=False,
                 restitution=0.9, deceleration=1.0):
        self.shape = SHAPE_CIRCLE
        self.fixed = fixed
```

第6章　〈2D編－2〉物理エンジン　177

```python
        self.xpos = xpos
        self.ypos = ypos
        self.radius = radius
        self.restitution = restitution
        self.deceleration = deceleration
        self.accel = Vec(0, 0)
        self.velocity = Vec(0, 0)
```

コンストラクタの引数(xpos, ypos)は円の中心座標、radiusは半径、fixedは移動する円か固定する円かの指定、restitutionは反発係数、decelerationは減速度合です。それぞれの値をプロパティとして設定します。accelは加速度ベクトル、velocityは速度ベクトルです。

```python
    def move(self, diffx, diffy):
        """ translate this object """
        self.xpos += diffx
        self.ypos += diffy


    def is_hit(self, xpos, ypos):
        """ return if xpos & ypos is inside of this """
        distance = hypot(xpos - self.xpos, ypos - self.ypos)
        return distance < self.radius


    def onhit(self, rect):
        """ who wants to recieve callback should override this """
        pass
```

moveは円を移動するメソッド、is_hitは座標(xpos, ypos)が円に含まれるか判定するメソッドです。"円と円の衝突判定"のところで説明したように、三平方の定理を使っています。

onhitは衝突時にコールバックを呼び出してほしいときにオーバライドするためのメソッドです。デフォルトでは何もしていません。

collided_with_rectメソッドは円(自分)と矩形(引数)の衝突処理を行います。

```python
    def collided_with_rect(self, rect):
        """ handle if this circle collided with a rectangle """
        nearx = max(rect.xpos, min(self.xpos,
                                   rect.xpos + rect.width))
```

178 | 第6章 〈2D編-2〉物理エンジン

```python
        neary = max(rect.ypos, min(self.ypos,
                                   rect.ypos + rect.height))
        if not self.is_hit(nearx, neary):
            return

        self.onhit(rect)

        distance = hypot(nearx - self.xpos, neary - self.ypos)
        overlap = self.radius - distance
        movex, movey = 0, 0

        if neary == rect.ypos:
            movey = -overlap
        elif neary == rect.ypos + rect.height:
            movey = overlap
        elif nearx == rect.xpos:
            movex = -overlap
        elif nearx == rect.xpos + rect.width:
            movex = overlap
        else:
            movex = -self.velocity.xpos
            movey = -self.velocity.ypos

        self.move(movex, movey)

        if movex != 0:
            self.velocity = self.velocity.mul(-self.restitution, 1)
        if movey != 0:
            self.velocity = self.velocity.mul(1, -self.restitution)
```

collided_with_rectでは"円と矩形の衝突判定"で説明した内容をそのまま実装しています。円の中心座標から4辺に最も近い座標 (nearx, neary) を求め、それが円の中になければ、すなわち、not self.is_hit(nearx, neary) であれば衝突なしとしてreturnします。

第6章　〈2D編 - 2〉物理エンジン　179

自分にonhitメソッドが定義されている場合、そのメソッドを呼び出します。distanceは
(nearx，neary)と円の中心座標(xpos，ypos)の距離です。この値を使って重なっている
距離overlapを求めます。

　次に衝突した場所に応じて円の進行方向を変化させます。(movex，movey)は重なり部分
の大きさで、0で初期化しておきます。これは、めり込んだ量を元に戻すための変数で、方向
を反転するためにも利用します。上辺か下辺に衝突した場合は、上下方向へ反転し（＝movey
を反転）、左辺か右辺に衝突した場合は、左右方向へ反転します（＝movexを反転）。

　円の速度が早い場合に(nearx，neary)が矩形の中に入る場合があるのですが、その際は
velocityのxposとyposを反転して外に押し戻しています。本来は進入方向を考慮して外に
押し戻したほうが自然な動きになるので、興味のある方は修正してみてください。

　その後、self.move(movex，movey)で円の中心座標を移動して重なりを解消し、(movex，
movey)の値に応じてx軸もしくはy軸方向に速度を反転させています。

　collided_with_lineは円と線の衝突を処理します。

```python
def collided_with_line(self, line):
    """ handle if this circle collided with a line """
    vec0 = Vec(line.pos0[0] - self.xpos + self.velocity.xpos, \
            line.pos0[1] - self.ypos + self.velocity.ypos)
    vec1 = self.velocity
    vec2 = Vec(line.pos1[0] - line.pos0[0],
            line.pos1[1] - line.pos0[1])
    cv1v2 = vec1.cross(vec2)
    tv1 = vec0.cross(vec1) / cv1v2
    tv2 = vec0.cross(vec2) / cv1v2


    if 0 <= tv1 <= 1 and 0 <= tv2 <= 1:
        self.move(-self.velocity.xpos, -self.velocity.ypos)
        dot0 = self.velocity.dot(line.norm)
        vec0 = line.norm.mul(-2*dot0, -2*dot0)
        self.velocity = vec0.add(self.velocity)
        self.velocity = self.velocity.mul(
            line.restitution * self.restitution, \
            line.restitution * self.restitution)
```

　難しそうに見えるかもしれませんが、6-2-3「移動する円と線の衝突判定」で説明したことを
そのまま実装に落とし込んでいるだけです。コード中にある変数vec0、vec1、vec2は以下の

180　　第6章　〈2D編－2〉物理エンジン

図の通りです。

- vec0 = 円の中心から線分の始点：このコードが実行されるときには既に速度ベクトルが加算されて移動後の場所になっています。よって、速度ベクトルを引いていることに注意してください。つまり、x軸についてみると、line.pos0[0] - (self.xpos - self.velocity.xpos)という計算を行っています。これはline.pos0[0] - self.xpos + self.velocity.xposと同じことになります。
- vec1 = 円の速度
- vec2 = 線分ベクトル

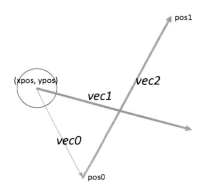

あとは、解説通りベクトルの外積を求め衝突判定を行っているだけです。ベクトルが交差した場合、すなわち円と線分が衝突したときは0 <= tv1 <= 1 and 0 <= tv2 <= 1がtrueとなります。衝突した場合は円の速度ベクトルを変化させる必要がありますが、その計算は6-3-1「動く円と静止円の衝突」で説明した内容と同じです。

```
self.move(-self.velocity.xpos, -self.velocity.ypos);
```

で衝突前の座標に戻し、線分の法線単位ベクトルline.normと円の速度self.velocityの内積を求めることで法線方向の成分を求め、その値を2倍しています。

```
dot0 = self.velocity.dot(line.norm)
vec0 = line.norm.mul(-2*dot0, -2*dot0)
```

あとは、もともとのベクトルにその値を加算し、最後に反発係数を掛け合わせています。これらの処理を行うことで速度ベクトルを反射しています。このコード見るだけではわかりづらいかもしれません。解説部分の内容と照らし合わせながら読み進めてください。

最後に、円と円の衝突です。この処理も"円と円の衝突判定"、"動く円と静止円の衝突"、"動く円と動く円の衝突"で解説した内容をコードに落とし込んでいるだけです。

```
def collided_with_circle(self, peer):
```

```
    """ handle if this circle collided with a circle """
    distance = hypot(peer.xpos - self.xpos,
                     peer.ypos - self.ypos)
    if distance > self.radius + peer.radius:
        return

    self.onhit(peer)
    peer.onhit(self)
```

　自分の円はself、相手の円はpeerという変数で管理しています。2つの円の中心の距離を求め、その値が2つの円の半径の合計より大きい場合は衝突していないのでreturnで戻ります。衝突した場合は、自分と相手のonhitメソッドを呼び出します。

　distanceは2つの円の中心の距離を格納する変数です。

```
distance = 0.01 if distance == 0 else distance
```

　この行には思い入れがあるので多少詳しく説明します。実は最初は以下のように実装していました。

```
distance = hypot(peer.xpos - self.xpos, peer.ypos - self.ypos)
```

　実は、多少複雑なゲームを作ったときに円オブジェクトがすべて画面から消えてしまうというバグに数日間悩まされました。再現性が低く、決まった再現方法はありませんでした。結局、コンソールに情報を出力させつつ、辛抱強く再現をさせることでその原因が明らかにすることができました。その原因がこの行だったのです。

　少し後に、以下の行があります。

```
    a_norm = vec.mul(1 / distance, 1 / distance)
```

　もし2つの円が全く同じ座標にあったとき中心の距離は0になり、distanceも0になります。そうです！　2つの円が全く同じ座標になったときに0で除算が行われていたのです。0で割ることはできません。例外が発生してプログラムの継続はできなくなってしまいます。よって、距離が0のときは0.01という小さい値を使用することでこの状況に対処しました。

　overlapは重なりの距離です。vecは2つの円の中心を結ぶベクトル、それを円の中心間の距離distanceで割ることで法線ベクトルa_normを求めています。b_normは逆向きの法線ベクトルです。a_normを-1倍することで求めています。

```
    distance = 0.01 if distance == 0 else distance
    overlap = self.radius + peer.radius - distance
```

182　　第6章 〈2D編 − 2〉物理エンジン

```python
        vec = Vec(self.xpos - peer.xpos, self.ypos - peer.ypos)
        a_norm = vec.mul(1 / distance, 1 / distance)
        b_norm = a_norm.mul(-1, -1)

        if not self.fixed and peer.fixed:
            self.move(a_norm.xpos * overlap, a_norm.ypos * overlap)
            dot0 = self.velocity.dot(a_norm)
            vec0 = a_norm.mul(-2 * dot0, -2 * dot0)
            self.velocity = vec0.add(self.velocity)
            self.velocity = self.velocity.mul(
                self.restitution, self.restitution)
        elif not peer.fixed and self.fixed:
            peer.move(b_norm.xpos * overlap, b_norm.ypos * overlap)
            dot1 = peer.velocity.dot(b_norm)
            vec1 = b_norm.mul(-2 * dot1, -2 * dot1)
            peer.velocity = vec1.add(peer.velocity)
            peer.velocity = peer.velocity.mul(
                peer.restitution, peer.restitution)
        else:
            self.move(a_norm.xpos * overlap / 2,
                      a_norm.ypos * overlap / 2)
            peer.move(b_norm.xpos * overlap / 2,
                      b_norm.ypos * overlap / 2)

            a_tang = Vec(a_norm.ypos * -1, a_norm.xpos)
            b_tang = Vec(b_norm.ypos * -1, b_norm.xpos)

            a_norm_scale, a_tang_scale = \
            (a_norm.dot(self.velocity),a_tang.dot(self.velocity))
            b_norm_scale, b_tang_scale = \
            (b_norm.dot(peer.velocity),b_tang.dot(peer.velocity))
            a_norm = a_norm.mul(a_norm_scale, a_norm_scale)
            a_tang = a_tang.mul(a_tang_scale, a_tang_scale)
```

```
        b_norm = b_norm.mul(b_norm_scale, b_norm_scale)
        b_tang = b_tang.mul(b_tang_scale, b_tang_scale)


        self.velocity = Vec(b_norm.xpos + a_tang.xpos,
                            b_norm.ypos + a_tang.ypos)
        peer.velocity = Vec(a_norm.xpos + b_tang.xpos,
                            a_norm.ypos + b_tang.ypos)
```

　あとは、if文で3つの場合に応じて処理を切り分けています。

・`not self.fixed and peer.fixed`：自分が動く円で相手が固定円の場合

・`not peer.fixed and self.fixed`：自分が固定円で相手が動く円の場合

・それ以外

　片方が固定円の場合は、円と線の衝突と同じ処理を行っています。moveメソッドを使い、重なった量を移動し、2つの物体がめり込んでいる状態を解消します。そして、法線ベクトルとの内積を求めて2倍し、それに自分自身のベクトルを足しこむことで反射後のベクトルを求めています。

　"それ以外"の場合は、"動く円と動く円の衝突"で説明した内容をコードに落とし込んでいます。それぞれ円にmoveメソッドを使い、重なった量の半分を移動し、2つの物体がめり込んでいる状態を解消します。法線ベクトルのxposとyposを入れ替えることで接線（英語でtangent）ベクトルを求めます。

```
        a_tang = Vec(a_norm.ypos * -1, a_norm.xpos)
        b_tang = Vec(b_norm.ypos * -1, b_norm.xpos)
```

　それぞれの円の法線と接線ベクトルを求められたので、自分の速度ベクトルとの内積を求めることで、法線方向、接線方向の成分を求めます。

```
a_norm_scale, a_tang_scale = \
    (a_norm.dot(self.velocity),a_tang.dot(self.velocity))
b_norm_scale, b_tang_scale = \
    (b_norm.dot(peer.velocity),b_tang.dot(peer.velocity))
a_norm = a_norm.mul(a_norm_scale, a_norm_scale)
a_tang = a_tang.mul(a_tang_scale, a_tang_scale)
b_norm = b_norm.mul(b_norm_scale, b_norm_scale)
b_tang = b_tang.mul(b_tang_scale, b_tang_scale)
```

　それらを適切に加算することで反射後の速度を求めています。

この部分はtiny_2D.pyの中でも一番複雑な部分です。混乱してしまった場合は、以下の図と見比べながらソースコードを読んでみるとよいでしょう。

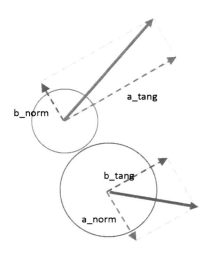

最後は物理エンジンの全体を管理するEngineオブジェクトです。まずはコンストラクタと初期化部分からです。

```
class Engine():
    """ tiny_2D engine object """
    def __init__(self, xpos=0, ypos=0, width=1000, height=1000,
                 gravity_x=0, gravity_y=0):
        self.world_x = xpos
        self.world_y = ypos
        self.world_w = width
        self.world_h = height
        self.gravity = Vec(gravity_x, gravity_y)
        self.entities = []

    def set_gravity(self, gravity_x, gravity_y):
        """ set gravity """
        self.gravity = Vec(gravity_x, gravity_y)
```

物理世界の左上座標を(xpos, ypos)で、そのサイズを(width, height)で、重力をgravity_xとgravity_yで指定します。コンストラクタでは、それらの値をプロパティに格納します。entitiesは円、矩形、線といった物理エンジンの世界のオブジェクトを保持する

配列です。

　ゲームの途中で重力の向きを変えることもあるためメソッドset_gravityを用意しました。

　stepは物理世界の時計を少しだけ進めるメソッドです。物理エンジンの中心的役割をします。少し長いので分割して説明します。

```python
    def step(self, elapsed):
        """ move the clock tick a step forward """
        grav = self.gravity.mul(elapsed, elapsed)
        entities = self.entities

        for entity in entities:
            if not entity.fixed:
                accel = entity.accel.mul(elapsed, elapsed)
                entity.velocity = entity.velocity.add(grav)
                entity.velocity = entity.velocity.add(accel)
                entity.velocity =
entity.velocity.mul(entity.deceleration, entity.deceleration)
                entity.move(entity.velocity.xpos,
entity.velocity.ypos)
```

　まず、重力に経過時間を掛けてその時間分の速度gravを求めています。次に配列entitiesの中で(not entity.fixed)を満たすオブジェクト、すなわち固定されていないオブジェクトに対して、重力grav、加速度accelによる変化分を加算し、減速度合いdecelerationを掛け合わせています。その結果求められたvelocity分をmoveメソッドで移動させています。つまり、移動対象となるオブジェクトの速度を更新し、その値に応じて移動させているのです。これで物理世界内にあるオブジェクトが移動します。

　しかし、移動させただけでは不十分です。衝突を判定して、衝突した場合には速度ベクトルを反射させる必要があります。その処理内容は以下の通りです。

```python
        self.entities = list(filter(lambda e: \
            self.world_x <= e.xpos <= self.world_x + self.world_w
and \
            self.world_y <= e.ypos <= self.world_y + self.world_h,
entities))

        for ipos in range(len(entities) - 1):
            for jpos in range(ipos + 1, len(entities), 1):
```

186　　第6章　〈2D編−2〉物理エンジン

```python
        ent0, ent1 = entities[ipos], entities[jpos]
        if ent0.fixed and ent1.fixed:
            continue


        if ent0.shape == SHAPE_CIRCLE and\
            ent1.shape == SHAPE_CIRCLE:
            ent0.collided_with_circle(ent1)
        elif ent0.shape == SHAPE_CIRCLE and\
            ent1.shape == SHAPE_LINE:
            ent0.collided_with_line(ent1)
        elif ent0.shape == SHAPE_LINE and\
            ent1.shape == SHAPE_CIRCLE:
            ent1.collided_with_line(ent0)
        elif ent0.shape == SHAPE_CIRCLE and\
            ent1.shape == SHAPE_RECTANGLE:
            ent0.collided_with_rect(ent1)
        elif ent0.shape == SHAPE_RECTANGLE and\
            ent1.shape == SHAPE_CIRCLE:
            ent1.collided_with_rect(ent0)
```

まず、物理世界の外に飛び出してしまったオブジェクトを削除します。世界の外にあるオブジェクトについて計算してもムダだからです。list(filter())を使って物理世界の中にあるオブジェクトのみを抽出しています。

次に、衝突判定です。for文の内容がいつもの単純な二重ループと異なることに注意してください。たとえば、オブジェクト1とオブジェクト2の衝突判定をおこなったら、オブジェクト2とオブジェクト1の衝突判定を行う必要はありません。また、自分と自分の衝突判定を行うのもナンセンスです。このような状況を避けるためにforの繰り返し範囲を調整しています。あとは、オブジェクトをent0とent1として取り出し、それぞれのタイプ、形状に応じて適切なメソッドを呼び出しています。たとえば、双方が固定されているとき、すなわち、ent0.fixed and ent1.fixedがTrueのときは何も処理をする必要はありません。

お互いが円のときはcollided_with_circle()を、円と線のときはcollided_with_line()を、円と矩形のときはcollided_with_rect()をといった具合です。それぞれのメソッドについては既に説明した通りです。

以上で物理エンジンのコードに関する詳細説明は終わりです。世間一般で広く利用されてい

第6章 〈2D編 - 2〉物理エンジン 187

る他の物理エンジンとは比べようもないほどシンプルで、最低限の機能しかありません。言い訳がましく聞こえるかもしれませんが、このエンジンは入門用のきっかけとなることを目的とした題材です。まずはこのエンジン使ってゲームを作ってみてください。そのうち機能が足りないことに不満を覚えることでしょう。そうしたら次の段階として物理エンジンそのものに機能を追加したり、パフォーマンスを改善したり、どんどん作り変えてよりよいものにしてみてください。その過程でいろいろなスキルを身につけることができるはずです。

6-5 物理エンジン使用例

6-5-1 デモ（tiny_2D_demo.py）

　矩形、線、円（固定）、円（移動）といったオブジェクトを画面上に配置しただけのサンプルです。シンプルなアプリですが、それなりに面白い動きをします。

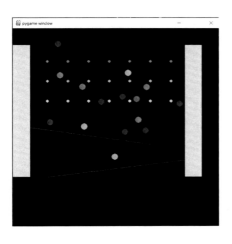

●ファイル：tiny_2D_demo.py

```python
""" tiny_2D_demo.py - Copyright 2016 Kenichiro Tanaka """
import sys
from random import randint
import pygame
from pygame.locals import QUIT, Rect
from tiny_2D import Engine, RectangleEntity, CircleEntity,\
    LineEntity, SHAPE_CIRCLE, SHAPE_RECTANGLE, SHAPE_LINE

pygame.init()
SURFACE = pygame.display.set_mode([600, 600])
FPSCLOCK = pygame.time.Clock()


def main():
```

```python
""" main routine """
colors = [(255, 0, 0), (255, 165, 0), (242, 242, 0),
          (0, 128, 0), (128, 0, 128), (0, 0, 250)]
engine = Engine(0, 0, 600, 800, 0, 9.8)

rect = RectangleEntity(500, 50, 50, 400)
rect.color = (0, 255, 0)
engine.entities.append(rect)

rect = RectangleEntity(0, 50, 50, 400)
rect.color = (255, 255, 0)
engine.entities.append(rect)

line = LineEntity(50, 300, 400, 350)
line.color = (255, 128, 0)
engine.entities.append(line)

line = LineEntity(500, 400, 100, 450)
line.color = (255, 128, 0)
engine.entities.append(line)

for xpos in range(7):
    for ypos in range(3):
        circle = CircleEntity(xpos * 60 + 100,
                              ypos * 60 + 100, 5, True)
        circle.color = colors[ypos]
        engine.entities.append(circle)

for _ in range(20):
    circle = CircleEntity(randint(0, 400) + 50,
                          randint(0, 200), 10, False)
    circle.color = colors[randint(0, 5)]
    circle.velocity.xpos = randint(0, 10) - 5
    circle.velocity.ypos = randint(0, 10) - 5
```

190 | 第 6 章 〈2D編 − 2〉物理エンジン

```python
        engine.entities.append(circle)

    while True:
        for event in pygame.event.get():
            if event.type == QUIT:
                pygame.quit()
                sys.exit()

        engine.step(0.01)

        SURFACE.fill((0, 0, 0))
        for entity in engine.entities:
            if entity.shape == SHAPE_RECTANGLE:
                rect = Rect(entity.xpos, entity.ypos,
                            entity.width, entity.height)
                pygame.draw.rect(SURFACE, entity.color, rect)
            elif entity.shape == SHAPE_CIRCLE:
                pos = (int(entity.xpos), int(entity.ypos))
                pygame.draw.circle(SURFACE, entity.color,
                                   pos, entity.radius)
            elif entity.shape == SHAPE_LINE:
                pos0 = (int(entity.pos0[0]),
                        int(entity.pos0[1]))
                pos1 = (int(entity.pos1[0]),
                        int(entity.pos1[1]))
                pygame.draw.line(SURFACE, entity.color, pos0, pos1)

        pygame.display.update()
        FPSCLOCK.tick(15)

if __name__ == '__main__':
    main()
```

物理エンジンはいろいろなファイルから参照するので別のファイル（tiny_2D.py）に保存し

てあります。外部のファイルを取り込む場合は以下のようにimport命令を使用します。

```python
from tiny_2D import Engine, RectangleEntity, CircleEntity,
LineEntity, \
    SHAPE_CIRCLE, SHAPE_RECTANGLE, SHAPE_LINE
```

ではプログラムを見てゆきましょう。

main()から実行が開始されます。色の配列colorsを初期化し、物理世界を作成しています。そして、その中に物理オブジェクトを配置しています。

```python
def main():
    """ main routine """
    colors = [(255, 0, 0), (255, 165, 0), (242, 242, 0),
              (0, 128, 0), (128, 0, 128), (0, 0, 250)]
    engine = Engine(0, 0, 600, 800, 0, 9.8)

    rect = RectangleEntity(500, 50, 50, 400)
    rect.color = (0, 255, 0)
    engine.entities.append(rect)

    rect = RectangleEntity(0, 50, 50, 400)
    rect.color = (255, 255, 0)
    engine.entities.append(rect)

    line = LineEntity(50, 300, 400, 350)
    line.color = (255, 128, 0)
    engine.entities.append(line)

    line = LineEntity(500, 400, 100, 450)
    line.color = (255, 128, 0)
    engine.entities.append(line)

    for xpos in range(7):
        for ypos in range(3):
            circle = CircleEntity(xpos * 60 + 100,
                                  ypos * 60 + 100, 5, True)
```

192 | 第6章 〈2D編−2〉物理エンジン

```
        circle.color = colors[ypos]
        engine.entities.append(circle)
```

物理世界はEngineオブジェクトとして実装されており、以下の命令で作成します。

```
    engine = Engine(0, 0, 600, 800, 0, 9.8)
```

Engineオブジェクトのコンストラクタの引数は、世界のx座標、y座標、幅、高さ、x方向の重力、y方向の重力です。ここでは、左上座標(0,0)、幅600、高さ800で下方向に重力がある世界を作っています。

tiny_2Dでサポートしている物理オブジェクトは以下の3種類です。

・RectangleEntity(xpos, ypos, width, height)

　(xpos, ypos)を左上座標とする幅width、高さheightの矩形を作成します。

・CircleEntity(xpos, ypos, radius, fixed, restitution, deceleration)

　(xpos, ypos)を中心座標とする半径radiusの円を作成します。fixedは円が固定されているか、動的に動くかを指定します。デフォルトはFalseです。restitutionは反発係数、decelerationは減速度合いとなります。

・LineEntity(xpos0, ypos0, xpos1, ypos1, restitution)

　(xpos0, ypos0)から(xpos1, ypos1)への線を引きます。restitutionは反発係数です。

矩形、円、線と作成していますが、それぞれのオブジェクトのコンストラクタを呼び出してオブジェクトを作成しているだけです。特に難しいところはないと思います。作成しているオブジェクトの様子を以下の図に示します。

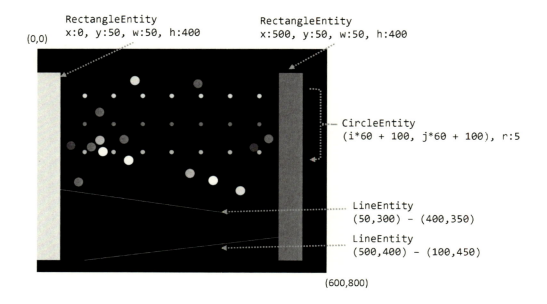

作成したオブジェクトはengine.entities.push(r)で物理世界に追加します。あとは、engine.step()で物理世界の時計を進めれば、物理世界のオブジェクトが動き始めます。その座標を取得して描画すれば、あたかも物が動いているように見えるというわけです。

ちなみに、円オブジェクトは動かすことができますが、その初速度を

```
circle.velocity.xpos = randint(0, 10) - 5
circle.velocity.ypos = randint(0, 10) - 5
```

のように設定しています。初期準備はここまでです。あとはpygameのメインループに進みます。

Pythonではオブジェクトにプロパティを追加することができます。RectangleEntityやCircleEntityといった物理世界のオブジェクトも例外ではありません。今回は描画用にcolorプロパティを追加しています。

メインループでは以下のような処理を行います。

```
engine.step(0.01)
```

エンジンの時刻を0.01進めます。あとは、物理世界の座標にあわせてそれぞれの図形を描画するだけです。まず画面全体を黒で塗りつぶしてクリアします。物理世界にあるオブジェクトは物理エンジンのentitiesプロパティ（配列）に格納されているのでfor文で要素を順番に取り出します。

矩形の場合（entity.shape == SHAPE_RECTANGLE）、pygame.draw.rectで矩形を、円の場合（entity.shape == SHAPE_CIRCLE）、pygame.draw.circleで円を、線の場合

（`entity.shape == SHAPE_LINE`）、`pygame.draw.line`で線を描画します。

　たったこれだけで物理オブジェクトが画面上を動き回ってくれるのです。面白いと思いませんか？　ところで、このデモを実行していると、円が線を飛び越えるという現象に気づいた人もいると思います。動く円が衝突して向きを変えるとき、その速度ベクトルを変更するとともに、めり込みを解消するため重なり量を移動させています。実はその際にも本当は衝突判定をすべきなのですが、このエンジンでは衝突判定をしていないのです。よって、移動量が大きかったりする場合に、このような現象が起きてしまいます。修正も考えたのですがコード量が少し増えそうだったので今回は見送りました。ご了承ください。

6-6　その他のサンプル

　『ゲームで学ぶJavaScript入門 HTML5 & CSSも身につく！』（インプレス）では、JavaScript版ではありますが、以下のようなゲームについても詳しく解説しています。

　「Vegetable March」は、落ちてくるフルーツをつなぎ合わせて消してゆきます。一定時間内に何個のフルーツを消せるか競うゲームです。

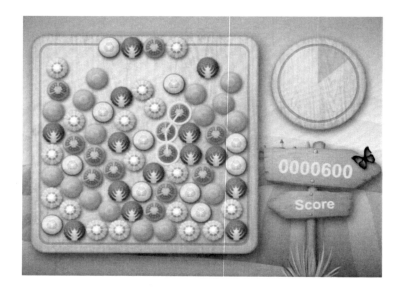

　「Billiard」は、ご存じビリヤードです。的玉を使ってできるだけ多くの玉をポケットに落とします。

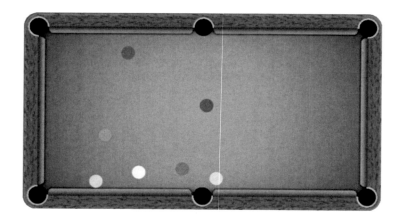

これらのソースコードもダウンロード可能です。ぜひダウンロードしてソースコードを見てください。

6-6-1　2D PaintDrops Mini

■アプリ概要

　tiny_2D.pyを使った簡単なお絵かきアプリです。色を選んで線を描くだけなので、行数は100行程度と短めです。等間隔で上からボールが落ちてきます。ボールは線にぶつかるとバウンドします。

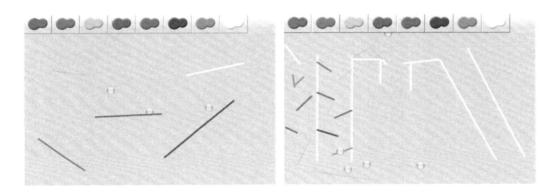

　もともとPaintDropsは、拙著『JavaScriptで作るWindowsストアアプリ開発スタートガイド』（インプレス）で作成したWindowsストアアプリです。そのときは物理エンジンにBox2Dを使用しました。今回は機能を絞り込んでtiny_2D.pyのサンプルとして実装しました。本家アプリはWindowsストアからダウンロード可能です。Windowsユーザの方はぜひ試してみてください。

■ソースコード解説

●ファイル：2D_paintdrops_mini.py

```
""" 2D_paintdrops_mini.py - Copyright 2016 Kenichiro Tanaka """
import sys
from math import floor
from random import randint
import pygame
from pygame.locals import QUIT, Rect, \
    MOUSEBUTTONDOWN, MOUSEBUTTONUP, MOUSEMOTION
from tiny_2D import Engine, CircleEntity, \
```

```python
                LineEntity, SHAPE_CIRCLE, SHAPE_LINE

pygame.init()
SURFACE = pygame.display.set_mode((800, 500))
FPSCLOCK = pygame.time.Clock()


def main():
    """ メインルーチン """
    colors = [(255, 0, 0), (255, 64, 0), (255, 201, 38),
              (35, 140, 0), (0, 128, 255), (163, 0, 217),
              (255, 77, 255), (255, 255, 255)]
    color = colors[0]
    background_image \
        = pygame.image.load("images/background/wall0.png")
    ball_image = pygame.image.load("ball.png")
    ball_image = pygame.transform.scale(ball_image, (30, 30))
    palette_image = pygame.image.load("images/bg_palette.png")
    palette_image = pygame.transform.scale(palette_image,
                                           (800, 54))
    palette_rect = Rect(0, 0, 800, 54)

    button_images = []
    for index in range(8):
        path = "images/button/color" + str(index) + ".png"
        button_images.append(pygame.image.load(path))

    current_line = None
    mouse_pos = (0, 0)
    mousedown = False
    count = 0

    engine = Engine(0, 0, 800, 500, 0, 9.8)

    while True:
```

```python
    for event in pygame.event.get():
        if event.type == QUIT:
            pygame.quit()
            sys.exit()
        elif event.type == MOUSEBUTTONDOWN:
            if palette_rect.collidepoint(event.pos):
                pindex = floor(event.pos[0] / 72)
                if 0 <= pindex < 8:
                    color = colors[pindex]
            else:
                mousedown = True
                mouse_pos = event.pos
        elif event.type == MOUSEMOTION:
            if mousedown:
                current_line = (mouse_pos, event.pos, color)
            else:
                current_line = None
        elif event.type == MOUSEBUTTONUP:
            if mousedown and not \
                (mouse_pos[0] == event.pos[0] and \
                mouse_pos[1] == event.pos[1]):
                line_entity = LineEntity(mouse_pos[0],
                                         mouse_pos[1],
                                         event.pos[0],
                                         event.pos[1])
                line_entity.color = color
                engine.entities.append(line_entity)
            mousedown = False
            current_line = None

    # 100カウント毎にボールを落とす
    if count % 100 == 0:
        circle = CircleEntity(randint(0, 600)+100, 0, 10)
        circle.color = color
```

第6章 〈2D編−2〉物理エンジン 199

```python
            engine.entities.append(circle)
        count += 1
        engine.step(0.01)


        # パレットと未確定の線の描画
        for ypos in range(0, 500, 150):
            for xpos in range(0, 800, 150):
                SURFACE.blit(background_image, (xpos, ypos))
        SURFACE.blit(palette_image, (0, 0))
        for index in range(8):
            SURFACE.blit(button_images[index], (index*72, 0))


        if current_line:
            pygame.draw.line(SURFACE, current_line[2],
                             current_line[0], current_line[1], 3)


        # ボールと線の描画
        for entity in engine.entities:
            if entity.shape == SHAPE_CIRCLE:
                pos = (int(entity.xpos), int(entity.ypos))
                rect = ball_image.get_rect()
                rect.center = pos
                SURFACE.blit(ball_image, rect.topleft)
            elif entity.shape == SHAPE_LINE:
                pos0 = (int(entity.pos0[0]), int(entity.pos0[1]))
                pos1 = (int(entity.pos1[0]), int(entity.pos1[1]))
                pygame.draw.line(SURFACE, entity.color,
                                 pos0, pos1, 3)


        pygame.display.update()
        FPSCLOCK.tick(20)

if __name__ == '__main__':
    main()
```

■主な変数

メイン関数で使用している主な変数は以下の通りです。

engine	tiny_2D のエンジンです
mouse_pos	マウスの座標
mousedown	マウスを押下しているか否か
ball_image	ボールの画像
count	ボール追加用のカウンタ
color	現在選択中の色
colors	パレット色の配列

■主な関数の解説

●def main():

少し長いので分割して説明します。

色の配列を初期化し、背景画像、ボールの画像をロードします。

```
colors = [(255, 0, 0), (255, 64, 0), (255, 201, 38),
          (35, 140, 0), (0, 128, 255), (163, 0, 217),
          (255, 77, 255), (255, 255, 255)]
color = colors[0]
background_image =
pygame.image.load("images/background/wall0.png")
ball_image = pygame.image.load("ball.png")
ball_image = pygame.transform.scale(ball_image, (30, 30))
```

パレットの背景、パレット上のボタンの画像を以下のコードでロードしています。

```
palette_image = pygame.image.load("images/bg_palette.png")
palette_image = pygame.transform.scale(palette_image, (800,
54))
palette_rect = Rect(0, 0, 800, 54)


button_images = []
for index in range(8):
    path = "images/button/color" + str(index) + ".png"
    button_images.append(pygame.image.load(path))
```

第 6 章　〈2D 編 − 2〉物理エンジン　201

`current_line`は現在描画中の線です。マウスの座標、状態、カウンタなどを初期化します。

```
    current_line = None
    mouse_pos = (0, 0)
    mousedown = False
    count = 0
```

次に幅800、高さ500の物理世界を作成します。下向きに重力加速度9.8を設定しています。

```
engine = new Engine(0, 0, 800, 500, 0, 9.8)
```

このあとメインループに突入します。

マウス押下時の処理は以下の通りです。

```
        elif event.type == MOUSEBUTTONDOWN:
            if palette_rect.collidepoint(event.pos):
                pindex = floor(event.pos[0] / 72)
                if 0 <= pindex < 8:
                    color = colors[pindex]
            else:
                mousedown = True
                mouse_pos = event.pos
```

パレット上がクリックされた場合、X座標の値event.pos[0]に応じて色を選択します。それ以外のときはキャンバス上でクリックされたので、mousedownをTrueにして、現在のマウス位置mouse_posをevent.posに設定します。

マウス移動時の処理は以下の通りです。

```
        elif event.type == MOUSEMOTION:
            if mousedown:
                current_line = (mouse_pos, event.pos, color)
            else:
                current_line = None
```

マウスが押下状態のときはcurrent_lineを新しい座標に設定し、そうでないときはNoneにします。

マウスが離されたときの処理は以下の通りです。

```
        elif event.type == MOUSEBUTTONUP:
            if mousedown and not \
```

```python
                            (mouse_pos[0] == event.pos[0] and \
                        mouse_pos[1] == event.pos[1]):
                        line_entity = LineEntity(mouse_pos[0],
                                                 mouse_pos[1],
                                                 event.pos[0],
                                                 event.pos[1])
                        line_entity.color = color
                        engine.entities.append(line_entity)
                mousedown = False
                current_line = None
```

マウス押下時の座標とリリース時の座標が異なる場合は、線オブジェクトLineEntityを作成して物理エンジンに追加します。

このサンプルでは一定周期にボールが上から落ちてきますが、その処理を実装しているのが以下の箇所です。

```python
    # 100カウント毎にボールを落とす
    if count % 100 == 0:
        circle = CircleEntity(randint(0, 600)+100, 0, 10)
        circle.color = color
        engine.entities.append(circle)
    count += 1
    engine.step(0.01)
```

カウンタが100の倍数になるたびに、円オブジェクトCircleEntityを作成して物理エンジンに追加しています。engine.step(0.01)で物理世界の時計を少しだけ進めています。

あとは画面への描画だけです。背景画像は150×150の画像です。y方向、x方向の二重ループを使ってその画像をタイル状に敷き詰めています。そのあとでパレットの画像と現在の線分を描画します。

```python
    # パレットと未確定の線の描画
    for ypos in range(0, 500, 150):
        for xpos in range(0, 800, 150):
            SURFACE.blit(background_image, (xpos, ypos))
    SURFACE.blit(palette_image, (0, 0))
    for index in range(8):
        SURFACE.blit(button_images[index], (index*72, 0))
```

第6章 〈2D編−2〉物理エンジン | 203

```
    if current_line:
        pygame.draw.line(SURFACE, current_line[2],
current_line[0], current_line[1], 3)
```

物理エンジンの中にあるオブジェクトをfor文で順番に取り出し、形状に応じて描画します。円のとき（entity.shape == SHAPE_CIRCLE）は、SURFACE.blit(ball_image, rect.topleft)でボールの画像を、線分のとき（entity.shape == SHAPE_LINE）はpygame.draw.line()で線をひきます。

```
    # ボールと線の描画
    for entity in engine.entities:
        if entity.shape == SHAPE_CIRCLE:
            pos = (int(entity.xpos), int(entity.ypos))
            rect = ball_image.get_rect()
            rect.center = pos
            SURFACE.blit(ball_image, rect.topleft)
        elif entity.shape == SHAPE_LINE:
            pos0 = (int(entity.pos0[0]), int(entity.pos0[1]))
            pos1 = (int(entity.pos1[0]), int(entity.pos1[1]))
            pygame.draw.line(SURFACE, entity.color, pos0, pos1,
3)
```

　説明は以上です。もともとのWindowsストアアプリ版に比べると機能は大幅に削減されています。描画した線を消せない、丸や四角といった形状がサポートされていない、再生を開始・停止する機能がない、などいろいろな機能が足りませんが、シンプルなだけに読みやすかったと思います。ぜひ、よりよいお絵かきアプリに作り変えてみてください。

204　　第6章　〈2D編−2〉物理エンジン

第7章 〈3D編-1〉簡易
VRMLビューワ

◉

いよいよ本丸の3Dです。まずは3Dのサンプルとして簡単な
VRMLビューワを実装してみましょう。VRMLとはVirtual
Reality Modeling Languageのことで、3Dモデルを記述する
ための言語です。20年ほど前に策定された仕様ということもあり、
最近は利用頻度も下がってきたようです。しかしながら、テキスト
形式で仕様が分かりやすいので、今回はVRMLを選択しました。

7-1 ビューワ実装前の準備

7-1-1 ビューワ表示例

以下は今回作成するビューワのキャプチャ画像です。

●ドットビューワ例

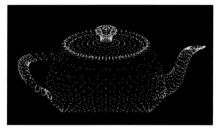

●ワイヤーフレームビューワ例

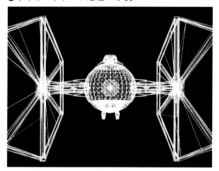

●簡易 VRML ビューワ例 1

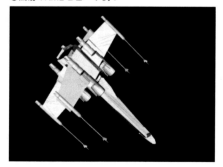

●簡易VRMLビューワ例2

　今回のビューワのプログラムはたった60〜160行程度ですが、上のような3Dモデルを描画することができます。本書の目的はPythonを使って数学の基礎的な内容をカバーすることであり、VRMLの機能をすべて実装することではありません。よって、VRMLファイルの内容によっては再生できないものも多くあることご了承ください。

7-1-2　VRMLファイルのフォーマット

　今回のビューワを実装するにあたり、3D以外にもいくつか予備知識が必要となりますので、それらについて先に説明します。

　VRMLは3Dモデル記述用の言語です。拡張子には".wrl"が使われることが一般的です。3Dモデルは複雑な形状になることが多いので、普通は何らかのツールを使って作成します。立方体を表現するファイルを見てみましょう。

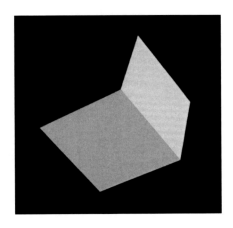

●ファイル：cube.wrl
```
#VRML V1.0 ascii
```

```
Separator {
    ShapeHints {
        vertexOrderingCOUNTERCLOCKWISE
        faceTypeCONVEX
    }

    Separator {
        renderCullingOFF
        Material {
            diffuseColor0 0 1
        }
        Separator {
            renderCullingOFF
            Coordinate3 {
                point[
                    -1.0-1.01.0,
                    -1.0 1.01.0,
                     1.0 1.01.0,
                     1.0-1.01.0,
                    -1.0-1.0-1.0,
                    -1.0 1.0-1.0,
                     1.0 1.0-1.0,
                     1.0-1.0-1.0 ]
            }
            IndexedFaceSet {
                coordIndex[ 0, 1, 2, 3, -1,
                            4, 5, 1, 0, -1,
                            2, 1, 5, 6, -1,
                            2, 6, 7, 3, -1,
                            0, 3, 7, 4, -1,
                            7, 6, 5, 4, -1 ]
            }
        }
    }
}
```

208　第 7 章　〈3D 編 − 1〉簡易 VRML ビューワ

```
}
```

　単なる立方体ですが難しそうな記述が並んでいます。しかし、今回は完全なVRMLビューワを作ることが目的ではないため、pointとcoordIndexだけに注目します。
・point：3次元空間における頂点座標(x,y,z)の配列
・coordIndex：どの頂点を結んで面を作るかという情報の配列
　この様子を図に示します。

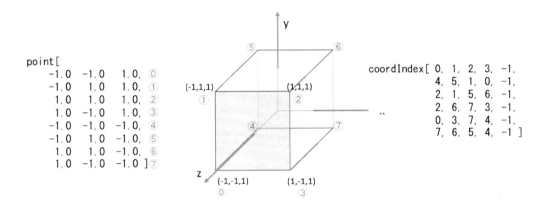

　point配列には

"頂点⓪のx、頂点⓪のy、頂点⓪のz、頂点①のx、頂点①のy……"

というように頂点の座標(x,y,z)が順番に格納されます。ここで、先頭の頂点から順番に⓪、①、②……と番号を振ってゆきます。coordIndexはそれら頂点を結んで面を作るための情報を保持しています。今回の例では0,1,2,3,-1と並んでいるので、頂点0,1,2,3で1つの面を作ります。-1は面の区切り情報として挿入されます。今回は正6面体なので、面が6個分の情報が格納されていることがわかります。

7-2 簡易VRMLビューワの段階的な実装

7-2-1 ドットビューワ

　最初に各頂点を描画するだけのドットビューワを実装してみます。モデルによっては形状を容易に類推できるものもありますが、どんな形状なのかイメージしづらいものもあります。

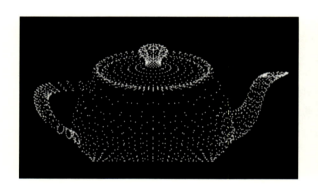
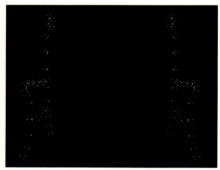

●ファイル：vrml_dot_viewer.py

```
""" 3D VRML dot viewer - Copyright 2016 Kenichiro Tanaka """
import sys
import re
from math import sqrt
import pygame
from pygame.locals import QUIT

pygame.init()
SURFACE = pygame.display.set_mode([600, 600])
FPSCLOCK = pygame.time.Clock()

def main(verts):
    """ main routine """
    while True:
        for event in pygame.event.get():
```

```python
            if event.type == QUIT:
                pygame.quit()
                sys.exit()

        # Paint vertices
        SURFACE.fill((0, 0, 0))
        for vert in verts:
            zpos = vert[2] + 3000
            xpos = int(vert[0] * 1600 / zpos + 300)
            ypos = int(-vert[1] * 1600 / zpos + 300)
            pygame.draw.line(SURFACE, (0, 225, 0),
                            (xpos, ypos), (xpos, ypos), 1)

        pygame.display.update()
        FPSCLOCK.tick(5)


def read_file(file):
    """ read VRML (wrl) file """
    with open(file, "rt") as fin:
        content = fin.read()

    match = re.search(r"point\s+\[([^\]]+)", content)
    pts = re.split(r"[\s,]+", match.group(1).strip())

    verts = []
    for index in range(0, len(pts), 3):
        verts.append([float(pts[index]),
                    float(pts[index+1]),
                    float(pts[index+2])])
    verts = auto_scale(verts)
    return verts


def auto_scale(verts):
    """ change scale to fill the screen """
```

第 7 章　〈3D 編 – 1〉簡易 VRML ビューワ　211

```
        max_dist = 0
        for vert in verts:
            dist = sqrt(vert[0]**2 + vert[1]**2 + vert[2]**2)
            max_dist = max(dist, max_dist)
        scale = 600 / max_dist
        return [(x[0]*scale, x[1]*scale, x[2]*scale) for x in verts]

if __name__ == '__main__':
    if len(sys.argv) > 1:
        VERTS = read_file(sys.argv[1])
        main(VERTS)
    else:
        print("Usage: python {} VRML-FILE".format(sys.argv[0]))
```

実行時は、以下のようにVRMLファイルを引数に指定します。

実行は以下の箇所から始まります。引数の数が1より大きいときは、`read_file`関数でVRMLファイルを読み込み、`main`にそのデータを引き渡します。引数が1個以下の場合は、Usageを表示して終了します。

```
if __name__ == '__main__':
    if len(sys.argv) > 1:
        VERTS = read_file(sys.argv[1])
        main(VERTS)
    else:
        print("Usage: python {} VRML-FILE".format(sys.argv[0]))
```

`read_file`関数は以下の通りです。

```
def read_file(file):
    """ read VRML (wrl) file """
    with open(file, "rt") as fin:
```

```
    content = fin.read()

    match = re.search(r"point\s+\[([^\]]+)", content)
    pts = re.split(r"[\s,]+", match.group(1).strip())

    verts = []
    for index in range(0, len(pts), 3):
        verts.append([float(pts[index]), float(pts[index+1]),
float(pts[index+2])])
    verts = auto_scale(verts)
    return verts
```

　このサンプルでは、頂点の座標情報しか使いません。よって、VRMLファイルの中の"point"情報のみを利用します。まず、引数で与えられたfileを関数open(file, "rt")で開き、すべての内容を読み込んで変数contentに格納します。

　本来であればVRMLファイルの文法を正しく解釈して、必要な情報を取り出すのが望ましいのですが、今回は座標データを取得したいだけなので正規表現を使いました。

```
    match = re.search(r"point\s+\[([^\]]+)", content)
```

　この命令を実行すると

point空白 [座標情報…….]

というパターンをさがし、パターンに合致した内容を取り出すことができます。合致した内容はmatchに格納されます。その内容を空白文字やカンマで区切ったものが座標のリストptsとなります。

```
    pts = re.split(r"[\s,]+", match.group(1).strip())
```

　ptsは単に数値が格納された1次元のリストです。よって、3つずつ組になるように値を取り出し、[x座標値、y座標値、z座標値]というリストにして、配列vertsに格納します。

```
    verts = []
    for index in range(0, len(pts), 3):
        verts.append([float(pts[index]), float(pts[index+1]),
float(pts[index+2])])
```

　ところで、モデルの大きさはバラバラです。小さいサイズのモデルもあれば、大きいサイズのモデルも存在します。それらが画面の幅に合うように調整するのがauto_scale関数です。

第7章　〈3D編－1〉簡易VRMLビューワ　213

関数auto_scaleは以下の通りです。画面の幅に合わせて、モデルを拡縮します。

```
def auto_scale(verts):
    """ change scale to fill the screen """
    max_dist = 0
    for vert in verts:
        dist = sqrt(vert[0]**2 + vert[1]**2 + vert[2]**2)
        max_dist = max(dist, max_dist)
    scale = 600 / max_dist
    return [(x[0]*scale, x[1]*scale, x[2]*scale) for x in verts]
```

原点から頂点(x,y,z)への距離は以下のように求めます。

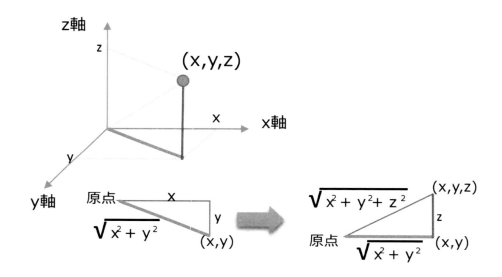

まずx,y平面上で原点から(x,y)への距離を求めます。これは三平方の定理を使って

$\sqrt{(x^2 + y^2)}$

と求められます。次は、原点と(x,y)と(x,y,z)からなる三角形を考えます。今度は原点から(x,y,z)への距離が斜辺となるので、ここでも三平方の定理を使い、

$\sqrt{(x^2 + y^2 + z^2)}$

と求められます。これを実行しているのが以下のコードです。

```
dist = sqrt(vert[0]**2 + vert[1]**2 + vert[2]**2)
```

sqrt()は平方根を求める関数です。

distのなかで一番大きい値をmax_distとして覚えておきます。今回画面の幅は600ピクセルなので、拡縮率scaleを600 / max_distとして計算します。たとえばmax_distが10だったとするとscaleは60となります。つまり、すべての頂点を60倍にすると原点から一番遠い頂点がちょうど画面の端に来る割合で拡大縮小が行われます。

最後に、リスト内包表記を使って、すべての頂点にscaleを掛け合わせます。これにより、元のモデルの大きさがどのような値であっても、適切な大きさに変換して表示できるようになります。

あとは、メインループの中で各頂点を描画するだけです。

```
# Paint vertices
SURFACE.fill((0, 0, 0))
for vert in verts:
    zpos = vert[2] + 3000
    xpos = int(vert[0] * 1600 / zpos + 300)
    ypos = int(-vert[1] * 1600 / zpos + 300)
    pygame.draw.line(SURFACE, (0, 225, 0), (xpos, ypos), (xpos, ypos), 1)
```

ここで、2次元という平面上に3Dの情報を描画するためには工夫が必要です。立方体を描画する場合を考えてみましょう。単にx,yの座標をそのまま描画すると以下のようになります。単なる四角形にしか見えません。

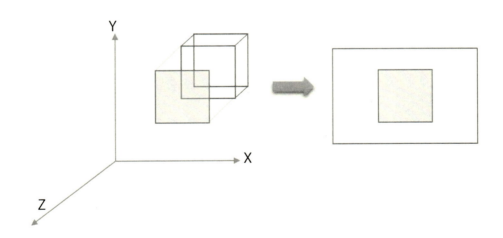

そこで、"遠くのものはより小さく"というように、奥行きに応じてx,yの描画位置を調整すると以下のように遠近感が表現できるようになります。

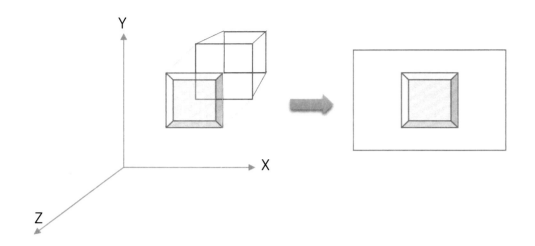

ポイントは"遠くのものはより小さく"という点です。奥行きの座標はzで与えられるので、xやyの座標をzで割ればよさそうです。ただ、それだけではうまくゆきません。

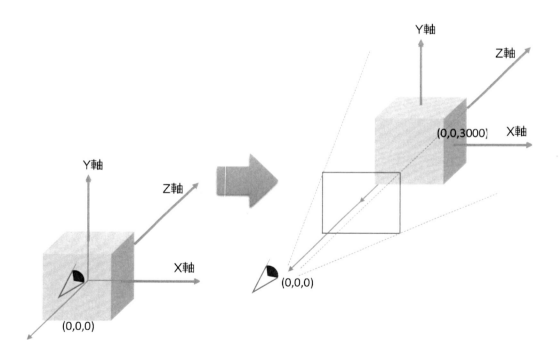

今回のビューワでは視点を原点にしています。上左図にあるように、原点付近にモデルを配置すると、モデルの中に視点があることになり、見えなくなってしまいます。そこで、「zpos = vert[2] + 3000」とあるように3Dモデルのz値を3000増やしています。これは3Dモデルを画面奥方向へ3000移動することを意味します。こうすると、原点上にモデルが配置された

り、遠近感が不自然に強くなりすぎたりすることを防止できます。

　まず、全体を黒でクリアしています。そして各頂点を描画してゆきます。その際、頂点x、yの座標値をz（=vert[2] + 3000）で割ることで遠近感を表現しています。

　仮に(x,y,z)が(500，0，500)の点Aと(500，0，-500)の点Bがあったとします。それらがスクリーン上のどこに描画されるか見てみましょう。

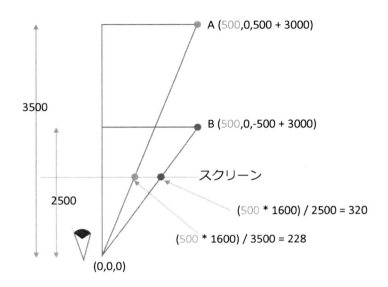

　まず、Zの値に3000を加算します。するとAは(500，0，3500)、Bは(500，0，2500)となります。X座標の値500を距離で割ると500÷3500、もしくは500÷2500となりますが、このままでは値が小さくなりすぎるので適当な数（今回は1600）を掛けています。すると、Aは(500×1600)÷3500=228、Bは(500×1600)÷2500 = 320となります。X座標の値はAもBも同じ500ですが、遠くにある点Aが228、近くにある点Bが320と、原点からの距離に応じてスクリーン上の座標が変わってくることが分かります。

　この計算を行っているのが以下のコードです。

```
zpos = vert[2] + 3000
xpos = int(vert[0] * 1600 / zpos + 300)
ypos = int(-vert[1] * 1600 / zpos + 300)
```

　300は画面の中央の座標です。y方向はint(-vert[1] * 1600 / zpos + 300)とマイナスの値を掛けていますが、これはPC画面ではy方向が下向きであるためです。最後にpygame.draw.line(SURFACE, (0, 225, 0), (xpos, ypos), (xpos, ypos), 1)で点を描画しています。

　ここまでの処理で画面上に頂点が描画できるようになりました。複雑な形状のモデルであれ

ば、これだけでも 3D っぽい感じで表示されますが、物足りない感じは否めません。

7-2-2　ワイヤーフレームビューワ

頂点が描画できたので頂点を線で結んでみます。これだけでも印象はだいぶ変わります。

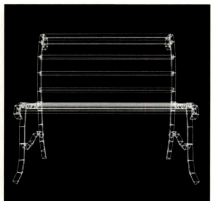

●ファイル：vrml_wire_viewer.py

```python
""" 3D VRML wireframe viewer - Copyright 2016 Kenichiro Tanaka """
import sys
import re
from math import sqrt
import pygame
from pygame.locals import QUIT

pygame.init()
SURFACE = pygame.display.set_mode((600, 600))
FPSCLOCK = pygame.time.Clock()


def main(verts, polygons):
    """ main routine """
    while True:
        for event in pygame.event.get():
            if event.type == QUIT:
                pygame.quit()
                sys.exit()
```

```python
        # Paint vertices
        SURFACE.fill((0, 0, 0))
        for poly in polygons:
            pointlist = []
            for index in poly:
                pos = verts[index]
                zpos = pos[2] + 3000
                xpos = int(pos[0] * 1600 / zpos) + 300
                ypos = int(-pos[1] * 1600 / zpos) + 300
                pointlist.append((xpos, ypos))
            pygame.draw.lines(SURFACE, (0, 225, 0), True,
pointlist)

        pygame.display.update()
        FPSCLOCK.tick(5)


def read_file(file):
    """ read VRML (wrl) file """
    with open(file, "rt") as fin:
        content = fin.read()

    # get points (vertices)
    match = re.search(r"point\s+\[([^\]]+)", content)
    pts = re.split(r"[\s,]+", match.group(1).strip())

    verts = []
    for index in range(0, len(pts), 3):
        verts.append([float(pts[index]),
                      float(pts[index+1]),
                      float(pts[index+2])])
    verts = auto_scale(verts)

    # get coordIndex (index of vertices, separated by -1)
```

第 7 章　〈3D 編 − 1〉簡易 VRML ビューワ　219

```python
        match = re.search(r"coordIndex\s+\[([^\]]+)", content)
        coords = re.split(r"[\s,]+", match.group(1).strip())

        temp = []
        polygon = []
        for index in coords:
            if index == "-1":
                polygon.append(temp)
                temp = []
            else:
                temp.append(int(index))

        return verts, polygon


def auto_scale(verts):
    """ change scale to fill the screen """
    max_dist = 0
    for vert in verts:
        dist = sqrt(vert[0]**2 + vert[1]**2 + vert[2]**2)
        max_dist = max(dist, max_dist)
        scale = 600 / max_dist
    return [[x[0]*scale, x[1]*scale, x[2]*scale] for x in verts]


if __name__ == '__main__':
    if len(sys.argv) > 1:
        VERTS, POLYGONS = read_file(sys.argv[1])
        main(VERTS, POLYGONS)
    else:
        print("Usage: python {} VRML-FILE".format(sys.argv[0]))
```

コードの大半はドットビューワと同じです。異なる部分を中心に説明します。

```python
def read_file(file):
    """ read VRML (wrl) file """
    with open(file, "rt") as fin:
```

```python
        content = fin.read()

    # get points (vertices)
    match = re.search(r"point\s+\[([^\]]+)", content)
    pts = re.split(r"[\s,]+", match.group(1).strip())

    verts = []
    for index in range(0, len(pts), 3):
        verts.append([float(pts[index]), float(pts[index+1]),
float(pts[index+2])])
    verts = auto_scale(verts)
    # get coordIndex (index of vertices, separated by -1)
    match = re.search(r"coordIndex\s+\[([^\]]+)", content)
    coords = re.split(r"[\s,]+", match.group(1).strip())

    temp = []
    polygon = []
    for index in coords:
        if index == "-1":
            polygon.append(temp)
            temp = []
        else:
            temp.append(int(index))

    return verts, polygon
```

auto_scale(verts) まではドットビューワと同じです。そのあとでポリゴンの配列を作成します。3Dグラフィックスでは "頂点を結んでできる多角形" で立体を表現します。この個々の多角形のことをポリゴンと呼びます。

VRMLにおいてcoordIndexは頂点の番号を並べた1次元配列で、"どの頂点をどの順番で結ぶか" という情報を格納します。また、個々のポリゴンを区切るために-1という値が使われます。このままでは処理しづらいので、以下のようにポリゴンの配列（2次元配列）に変換します。

第7章 〈3D編 – 1〉簡易VRMLビューワ　　221

```
VRMLデータ                           ポリゴンの配列（2次元配列）
                                      [
coordIndex[ 0, 1, 2, 3, -1,              [0, 1, 2, 3],
            4, 5, 1, 0, -1,              [4, 5, 1, 0],
            2, 1, 5, 6, -1,              [2, 1, 5, 6],
            2, 6, 7, 3, -1,              [2, 6, 7, 3],
            0, 3, 7, 4, -1,              [0, 3, 7, 4],
            7, 6, 5, 4, -1 ]             [7, 6, 5, 4]
                                      ]
```

　まず、正規表現を使って、coordIndexに記載されている情報を取得します。その内容を
coordsという配列に格納します。tempは一時的なポリゴン作成用のリストです。coordsに
ある値を順番に取り出し、tempに格納してゆきます。-1という値を見つけると、新しいポリ
ゴンとしてtempをpolygonに格納します。

```python
    temp = []
    polygon = []
    for index in coords:
        if index == "-1":
            polygon.append(temp)
            temp = []
        else:
            temp.append(int(index))

    return verts, polygon
```

　"ポリゴンデータ"と聞くと難しそうに聞こえるかもしれませんが、単に-1で区切られてい
る1次元配列を2次元配列に変換しているだけです。これらの作業が終わると、頂点座標verts
とポリゴンデータpolygonを関数の戻り値として返します。
　次は描画部分です。

```python
    # Paint vertices
    SURFACE.fill((0, 0, 0))
    for poly in polygons:
        pointlist = []
        for index in poly:
            pos = verts[index]
            zpos = pos[2] + 3000
            xpos = int(pos[0] * 1600 / zpos) + 300
```

222　　第7章　〈3D編－1〉簡易VRMLビューワ

```
            ypos = int(-pos[1] * 1600 / zpos) + 300
            pointlist.append((xpos, ypos))
        pygame.draw.lines(SURFACE, (0, 225, 0), True, pointlist)
```

外側のループでpolygonsからポリゴンpolyを順番に取り出し、内側のループでポリゴンの各頂点番号indexを取り出しています。ポリゴンを描画する度にパス（線の軌跡）を初期化する必要があるため、ループの先頭でpointlist = []とリストをクリアしています。

すべての頂点は配列vertsに格納されているので、頂点番号indexに該当する座標は以下の式で取り出せます。

```
pos = verts[index]
```

座標の計算はドットビューワと同じです。

```
            zpos = pos[2] + 3000
            xpos = int(pos[0] * 1600 / zpos) + 300
            ypos = int(-pos[1] * 1600 / zpos) + 300
            pointlist.append((xpos, ypos))
```

頂点の座標(pos[0], pos[1], pos[2])からスクリーン上の座標(xpos, ypos)を求め、pointlistに追加してゆきます。最後にpygame.draw.lines(SURFACE, (0, 225, 0), True, pointlist)でそれらの座標を線で結んでいます。

7-2-3　ワイヤーフレームビューワ（回転）

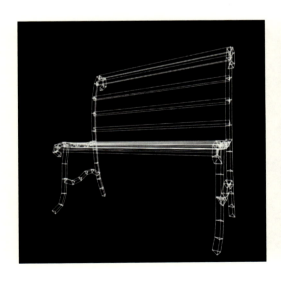
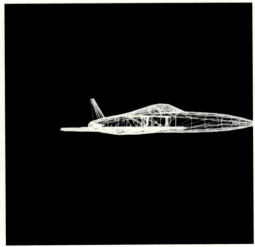

ここまでドット、ワイヤーフレームと3Dモデルを描画してきました。本書のテーマはプログラミングで数学を活用することです。いよいよ行列を使って3Dモデルを回転させましょう。モデルが動くのを見ると3Dビューワを実装している実感がわいてくると思います。

●ファイル：vrml_wire_rotate_viewer.py

```python
""" 3D VRML wireframe viewer (rotate) - Copyright 2016 Kenichiro
Tanaka """
import sys
import re
from math import sqrt, sin, cos
import pygame
from pygame.locals import QUIT


pygame.init()
SURFACE = pygame.display.set_mode((600, 600))
FPSCLOCK = pygame.time.Clock()


def main(verts, polygons):
    """ main routine """
    rot_x = 0.01
    rot_y = 0.03

    while True:
        for event in pygame.event.get():
            if event.type == QUIT:
                pygame.quit()
                sys.exit()

        # rotate vertices
        (cval, sval) = (cos(rot_y), sin(rot_y))
        mrot_y = [cval, 0, sval, 0, 1, 0, -sval, 0, cval]
        (cval, sval) = (cos(rot_x), sin(rot_x))
        mrot_x = [1, 0, 0, 0, cval, -sval, 0, sval, cval]
        rotate(verts, mrot_x, mrot_y)
```

224 | 第7章 〈3D編−1〉簡易 VRML ビューワ

```python
        # Paint vertices
        SURFACE.fill((0, 0, 0))
        for poly in polygons:
            pointlist = []
            for index in poly:
                pos = verts[index]
                zpos = pos[2] + 3000
                xpos = int(pos[0] * 1600 / zpos) + 300
                ypos = int(-pos[1] * 1600 / zpos) + 300
                pointlist.append((xpos, ypos))
            pygame.draw.lines(SURFACE, (0, 225, 0), True,
pointlist)

        pygame.display.update()
        FPSCLOCK.tick(15)


def rotate(vertices, mrot_x, mrot_y):
    """ rotate all vertices """
    for vert in vertices:
        xpos = vert[0]
        ypos = vert[1]
        zpos = vert[2]

        # rotate around Y axis
        ppos = mrot_y[0] * xpos + mrot_y[1] * ypos \
            + mrot_y[2] * zpos
        qpos = mrot_y[3] * xpos + mrot_y[4] * ypos \
            + mrot_y[5] * zpos
        rpos = mrot_y[6] * xpos + mrot_y[7] * ypos \
            + mrot_y[8] * zpos

        # rotate around X axis
        vert[0] = mrot_x[0] * ppos + mrot_x[1] * qpos \
            + mrot_x[2] * rpos
```

```python
        vert[1] = mrot_x[3] * ppos + mrot_x[4] * qpos \
                + mrot_x[5] * rpos
        vert[2] = mrot_x[6] * ppos + mrot_x[7] * qpos \
                + mrot_x[8] * rpos


def read_file(file):
    """ read VRML (wrl) file """
    with open(file, "rt") as fin:
        content = fin.read()

    # get points (vertices)
    match = re.search(r"point\s+\[([^\]]+)", content)
    pts = re.split(r"[\s,]+", match.group(1).strip())

    verts = []
    for index in range(0, len(pts), 3):
        verts.append([float(pts[index]),
                      float(pts[index+1]),
                      float(pts[index+2])])
    verts = auto_scale(verts)

    # get coordIndex (index of vertices, separated by -1)
    match = re.search(r"coordIndex\s+\[([^\]]+)", content)
    coords = re.split(r"[\s,]+", match.group(1).strip())

    temp = []
    polygon = []
    for index in coords:
        if index == "-1":
            polygon.append(temp)
            temp = []
        else:
            temp.append(int(index))
```

226 | 第 7 章 〈3D 編 − 1〉簡易 VRML ビューワ

```python
        return verts, polygon


def auto_scale(verts):
    """ change scale to fill the screen """
    max_dist = 0
    for vert in verts:
        dist = sqrt(vert[0]**2 + vert[1]**2 + vert[2]**2)
        max_dist = max(dist, max_dist)
        scale = 600 / max_dist
    return [[x[0]*scale, x[1]*scale, x[2]*scale] for x in verts]


if __name__ == '__main__':
    if len(sys.argv) > 1:
        VERTS, POLYGONS = read_file(sys.argv[1])
        main(VERTS, POLYGONS)
    else:
        print("Usage: python {} VRML-FILE".format(sys.argv[0]))
```

メインループの中で回転行列を作成し、rotate関数を使って座標変換を行っています。Y軸方向の回転行列mrot_yが、X軸方向の回転行列がmrot_xです。

```python
        # rotate vertices
        (cval, sval) = (cos(rot_y), sin(rot_y))
        mrot_y = [cval, 0, sval, 0, 1, 0, -sval, 0, cval]


        (cval, sval) = (cos(rot_x), sin(rot_x))
        mrot_x = [1, 0, 0, 0, cval, -sval, 0, sval, cval]


        rotate(verts, mrot_x, mrot_y)
```

回転行列はコードの行数を削減するため1次元配列として実装しました。たとえば、Y軸方向の回転行列は以下のように実装しています。

第7章 〈3D編 − 1〉簡易 VRML ビューワ | 227

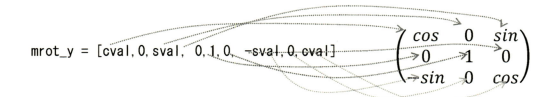

```
mrot_y = [cval, 0, sval,  0, 1, 0,  -sval, 0, cval]
```

　Y軸とX軸方向の回転行列が得られたら、すべての頂点にそれらの回転行列を適用します。この処理を行っているのがrotate関数です。引数に頂点のリスト、X軸の回転行列、Y軸の回転行列をとります。

```
def rotate(vertices, mrot_x, mrot_y):
    """ rotate all vertices """
    for vert in vertices:
        xpos = vert[0]
        ypos = vert[1]
        zpos = vert[2]

        # rotate around Y axis
        ppos = mrot_y[0] * xpos + mrot_y[1] * ypos + mrot_y[2] * zpos
        qpos = mrot_y[3] * xpos + mrot_y[4] * ypos + mrot_y[5] * zpos
        rpos = mrot_y[6] * xpos + mrot_y[7] * ypos + mrot_y[8] * zpos

        # rotate around X axis
        vert[0] = mrot_x[0] * ppos + mrot_x[1] * qpos + mrot_x[2] * rpos
        vert[1] = mrot_x[3] * ppos + mrot_x[4] * qpos + mrot_x[5] * rpos
        vert[2] = mrot_x[6] * ppos + mrot_x[7] * qpos + mrot_x[8] * rpos
```

　前の章で見た通りY軸方向の回転行列と計算式は以下の通りです。

$$\begin{pmatrix} p \\ q \\ r \end{pmatrix} = \begin{pmatrix} cos\theta & 0 & sin\theta \\ 0 & 1 & 0 \\ -sin\theta & 0 & cos\theta \end{pmatrix} \begin{pmatrix} x \\ y \\ z \end{pmatrix}$$

これを、今回のコードでは以下のように実装しています。

$$\begin{pmatrix} ppos \\ qpos \\ rpos \end{pmatrix} = \begin{pmatrix} mrot\_y[0] & mrot\_y[1] & mrot\_y[2] \\ mrot\_y[3] & mrot\_y[4] & mrot\_y[5] \\ mrot\_y[6] & mrot\_y[7] & mrot\_y[8] \end{pmatrix} \begin{pmatrix} xpos \\ ypos \\ zpos \end{pmatrix}$$

X軸方向の回転も全く同じです。Y軸方向の回転行列を適用して得られた座標(ppos, qpos, rpos)に、回転行列mrot_xを適用しています。

頂点座標に回転行列を適用すると回転後の座標を求めることができます。知識としてわかってはいても、実際に目の当たりにすると、その効果を実感できたはずです。次の節ではさらに一歩進めてみましょう。

7-2-4　簡易VRMLビューワ

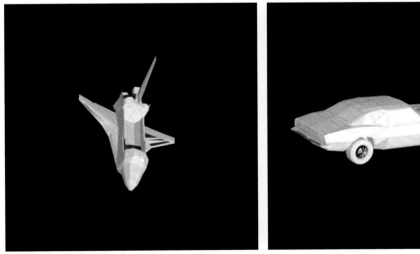

より一層のリアリティを追及すべく、"面"の描画に取り組んでみましょう。ワイヤーフレームの場合は頂点を結ぶだけだったのでポリゴンの配列があれば十分でした。今度は面を塗りつ

ぶす必要があるので、ポリゴンから面の情報（Surfaceオブジェクト）を作成しています。

●ファイル：vrml_surface_viewer.py
```python
""" 3D VRML surface viewer - Copyright 2016 Kenichiro Tanaka """
import sys
import re
from math import sqrt, sin, cos, floor
import pygame
from pygame.locals import QUIT

pygame.init()
SURFACE = pygame.display.set_mode([600, 600])
FPSCLOCK = pygame.time.Clock()

class Vec3:
    """ 3D vector """
    def __init__(self, xpos, ypos, zpos):
        self.xpos = xpos
        self.ypos = ypos
        self.zpos = zpos

    def normalize(self):
        """ normalize this vector """
        length = sqrt(self.xpos**2 + self.ypos**2 + self.zpos**2)
        scale = 1 / length if length != 0 else 0
```

```python
        self.xpos *= scale
        self.ypos *= scale
        self.zpos *= scale
        return self


class Surface:
    """ object for each surface """
    def __init__(self, indices):
        self.indices = indices
        self.norm = Vec3(1, 0, 0)
        self.zpos = 1
        self.pos = []


    def update(self, verts):
        """ update normal vector and zposition with vertices """
        self.pos = []
        ztotal = 0
        for index in self.indices:
            self.pos.append(verts[index])
            ztotal += verts[index][2]
        self.zpos = ztotal / len(self.indices)


        pos0 = verts[self.indices[0]]
        pos1 = verts[self.indices[1]]
        pos2 = verts[self.indices[2]]


        vec1 = Vec3(pos0[0]-pos1[0], pos0[1]-pos1[1],
                    pos0[2]-pos1[2])
        vec2 = Vec3(pos0[0]-pos2[0], pos0[1]-pos2[1],
                    pos0[2]-pos2[2])
        norm = Vec3(vec1.ypos*vec2.zpos - vec1.zpos*vec2.ypos, \
                    vec1.zpos*vec2.xpos - vec1.xpos*vec2.zpos, \
                    vec1.xpos*vec2.ypos - vec1.ypos*vec2.xpos)
        self.norm = norm.normalize()
```

第 7 章 〈3D 編 - 1〉簡易 VRML ビューワ | 231

```python
def main(verts, polygons):
    """ main routine """
    light = Vec3(0.5, -0.8, -0.2).normalize()
    rot_x = 0.01
    rot_y = 0.03
    surfaces = []
    for poly in polygons:
        surfaces.append(Surface(poly))

    while True:
        for event in pygame.event.get():
            if event.type == QUIT:
                pygame.quit()
                sys.exit()

        # rotate vertices
        cval, sval = cos(rot_y), sin(rot_y)
        mrot_y = [cval, 0, sval, 0, 1, 0, -sval, 0, cval]
        cval, sval = cos(rot_x), sin(rot_x)
        mrot_x = [1, 0, 0, 0, cval, -sval, 0, sval, cval]
        rotate(verts, mrot_x, mrot_y)

        surfaces = sorted(surfaces, key=lambda x: x.zpos)
        for surface in surfaces:
            surface.update(verts)

        # Paint vertices
        SURFACE.fill((0, 0, 0))
        for surf in surfaces:
            ratio = surf.norm.xpos * light.xpos + \
                    surf.norm.ypos * light.ypos + \
                    surf.norm.zpos * light.zpos
            col = floor((ratio + 1) / 2 * 255)
```

232 | 第7章 〈3D編 − 1〉簡易 VRML ビューワ

```python
        pts = []
        for pos in surf.pos:
            zpos = pos[2] + 5000
            xpos = pos[0] * 2500 / zpos + 300
            ypos = -pos[1] * 2500 / zpos + 300
            pts.append((xpos, ypos))
        pygame.draw.polygon(SURFACE, (col, col, col), pts)

    pygame.display.update()
    FPSCLOCK.tick(15)


def rotate(vertices, mrot_x, mrot_y):
    """ rotate all vertices """
    for vert in vertices:
        xpos = vert[0]
        ypos = vert[1]
        zpos = vert[2]

        # rotate around Y axis
        ppos = mrot_y[0] * xpos + mrot_y[1] * ypos \
            + mrot_y[2] * zpos
        qpos = mrot_y[3] * xpos + mrot_y[4] * ypos \
            + mrot_y[5] * zpos
        rpos = mrot_y[6] * xpos + mrot_y[7] * ypos \
            + mrot_y[8] * zpos

        # rotate around X axis
        vert[0] = mrot_x[0] * ppos + mrot_x[1] * qpos \
            + mrot_x[2] * rpos
        vert[1] = mrot_x[3] * ppos + mrot_x[4] * qpos \
            + mrot_x[5] * rpos
        vert[2] = mrot_x[6] * ppos + mrot_x[7] * qpos \
            + mrot_x[8] * rpos
```

```python
def read_file(file):
    """ read VRML (wrl) file """
    with open(file, "rt") as fin:
        content = fin.read()

    # get points (vertices)
    match = re.search(r"point\s+\[([^\]]+)", content)
    pts = re.split(r"[\s,]+",
                   match.group(1).strip('\t\n\x0b\x0c\r ,'))

    verts = []
    for index in range(0, len(pts), 3):
        verts.append([float(pts[index]),
                      float(pts[index+1]),
                      float(pts[index+2])])
    verts = auto_scale(verts)

    # get coordIndex (index of vertices, separated by -1)
    match = re.search(r"coordIndex\s+\[([^\]]+)", content)
    coords = re.split(r"[\s,]+",
                      match.group(1).strip('\t\n\x0b\x0c\r ,'))

    temp = []
    polygon = []
    for index in coords:
        if index == "-1":
            polygon.append(temp)
            temp = []
        else:
            temp.append(int(index))

    return verts, polygon
```

234 　第 7 章 〈3D 編 － 1〉簡易 VRML ビューワ

```
def auto_scale(verts):
    """ change scale to fill the screen """
    max_dist = 0
    for vert in verts:
        dist = sqrt(vert[0]**2 + vert[1]**2 + vert[2]**2)
        max_dist = max(dist, max_dist)
    scale = 600 / max_dist
    return [[x[0]*scale, x[1]*scale, x[2]*scale] for x in verts]

if __name__ == '__main__':
    if len(sys.argv) > 1:
        VERTS, POLYGONS = read_file(sys.argv[1])
        main(VERTS, POLYGONS)
    else:
        print("Usage: python {} VRML-FILE".format(sys.argv[0]))
```

面の描画は少々面倒です。なぜならば、それぞれの面の明るさを計算する必要があるからです。

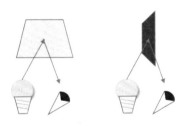

光源が自分の背後にあったとします。壁が正面を向いている場合、壁は明るく見えます。一方、壁が斜めを向いている場合、暗くなります。

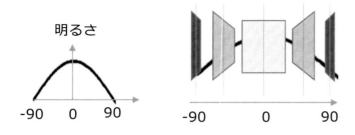

つまり、面の明るさを求めるには、光源の位置や向き、面の向き、自分の視点などの位置関係を考慮しなくてはならないのです。今回の実装では、簡略化するために、"光源と面のなす角度"から明るさを計算することにしました。では、どのように面と光源のなす角度を求めればよいでしょうか。

■法線ベクトル（ベクトルの外積）

"光源と面がなす角度"を求める前に、まず面がどちらを向いているか求めることにしましょう。ここで、ある立方体を例に考えてみましょう。

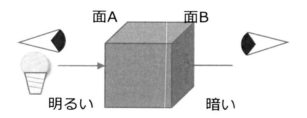

面A側に光源があると仮定します。面A側に立った場合、その面は明るく見えますが、面B側に立つとその面は暗く見えます。面Aと面Bは同じサイズ、同じ向きですが見た目は全く異なります。このような状況においても各面を適切に描画するために"法線ベクトル"（normal vector）という概念を導入します。法線ベクトルは各面から垂直方向に延びることで、どの向きが表面か表す矢印です。

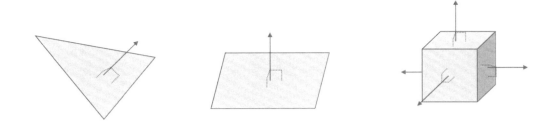

　面の中心からの向きを表すので2つの点（始点＝面の中心、終点＝表面の方向）が必要です。面の中心座標の計算は簡単です。単にすべての座標のx,y,z成分を別々に加えて頂点の個数で割るだけです。重心の求め方と同じで、中学数学の範囲です。

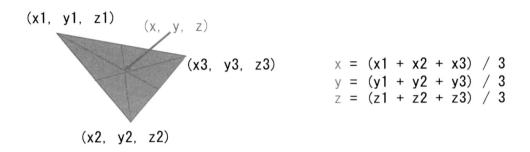

　一方、終点の計算にはベクトルの外積を使います。ある面の座標がp1，p2，p3とします。このとき法線ベクトルnは以下の手順で求めることができます。

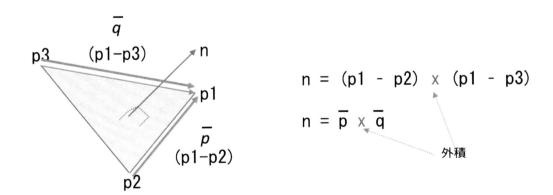

1）面を構成するベクトルを2つ求める。
2つの座標を引き算することでベクトル（向きと大きさ）を求めることができます。ここでp1

からp2を引いて求めたベクトルをp、p1からp3を引いて求めたベクトルをqとします（上図ではベクトルである旨を明示するため上に横棒を引いています）。

2）手順1で求めたベクトルの外積を計算し、法線ベクトルnを求める。

- nのx成分＝pのy成分×qのz成分　－　pのz成分×qのy成分
- nのy成分＝pのz成分×qのx成分　－　pのx成分×qのz成分
- nのz成分＝pのx成分×qのy成分　－　pのy成分×qのx成分

3）法線ベクトルnの長さを1にする（単位法線ベクトル）

ベクトルの大きさは各x,y,z成分を2乗して平方和をとることで求められます。

ベクトルの長さ＝$\sqrt{x^2+y^2+z^2}$

ベクトルの各x,y,z成分をこの長さで割ることで、ベクトルの長さが1になります。

　外積の計算は手順2にあるように「2つのベクトルの成分を掛けたり引いたりするだけ」です。たったそれだけで2つのベクトルと直行するベクトルが求まるのです。

　本書では、"ベクトルの外積を計算することで法線ベクトルが求まる"という証明まではカバーしません。おそらく高校や大学の数学の範囲です。ベクトルの外積がどのような場面で活用できるのか知っていれば、学校で勉強するときにも興味をもって取り組むことができると思います。

　法線ベクトルが求まりました。これだけでは、最初の立方体の2つの面でどちらが明るくて、どちらが暗いかの説明になっていません。1つの面には表裏と2つの向きがあり、それぞれに法線ベクトルが求められるからです。

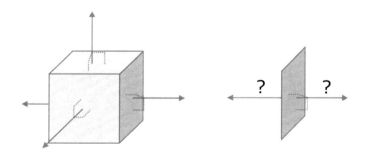

　ここでVRMLファイルのフォーマットを思い出してください。

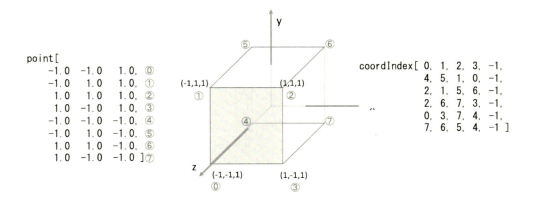

実は、頂点を結ぶ順番に規則性があったのです。左手を握って親指を突き出してください。人差し指から小指までを頂点をたどる向きに合わせると、親指の向きが法線の向きになるのです。

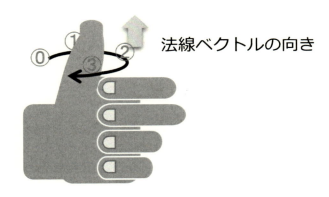

立方体の正面を見ると、coordIndexで頂点を0→3→2→1ではなく、0→1→2→3の順に辿っています。この順番で頂点が結ばれているため法線が手前を向いていたのです。他の面でも試してみると法線ベクトルはすべて外側を向いていることが確認できます。

ここまで長々と法線ベクトルについて説明してきましたがコードはシンプルです。以下のSurfaceオブジェクトのupdateメソッドでポリゴンから法線ベクトルを求めています。

```python
class Surface:
    """ object for each surface """
    def __init__(self, indices):
        self.indices = indices
        self.norm = Vec3(1, 0, 0)
        self.zpos = 1
```

```python
        self.pos = []

    def update(self, verts):
        """ update normal vector and zposition with vertices """
        self.pos = []
        ztotal = 0
        for index in self.indices:
            self.pos.append(verts[index])
            ztotal += verts[index][2]
        self.zpos = ztotal / len(self.indices)

        pos0 = verts[self.indices[0]]
        pos1 = verts[self.indices[1]]
        pos2 = verts[self.indices[2]]

        vec1 = Vec3(pos0[0]-pos1[0], pos0[1]-pos1[1],
pos0[2]-pos1[2])
        vec2 = Vec3(pos0[0]-pos2[0], pos0[1]-pos2[1],
pos0[2]-pos2[2])
        norm = Vec3(vec1.ypos*vec2.zpos - vec1.zpos*vec2.ypos, \
                    vec1.zpos*vec2.xpos - vec1.xpos*vec2.zpos, \
                    vec1.xpos*vec2.ypos - vec1.ypos*vec2.xpos)
        self.norm = norm.normalize()
```

　zposはz軸方向の重心です。面を塗る順番を決めるときに使用します。pos1、pos2、pos3が頂点の座標です。pos0からpos1の座標を引き算することでvec1を、pos0からpos2の座標を引き算することでvec2を求めています。

```python
        vec1 = Vec3(pos0[0]-pos1[0], pos0[1]-pos1[1],
pos0[2]-pos1[2])
        vec2 = Vec3(pos0[0]-pos2[0], pos0[1]-pos2[1],
pos0[2]-pos2[2])
```

　あとは、先ほど説明したように、vec1とvec2の外積を計算して法線ベクトルnormを求めています。この状態では法線ベクトルの長さが1でないため、Vec3のnormalizeメソッドを呼んで長さを1にしています。長さを1にすることを正規化と呼びます。実装は以下の通りです。

```
class Vec3:
    """ 3D vector """
    def __init__(self, xpos, ypos, zpos):
        self.xpos = xpos
        self.ypos = ypos
        self.zpos = zpos

    def normalize(self):
        """ normalize this vector """
        length = sqrt(self.xpos**2 + self.ypos**2 + self.zpos**2)
        scale = 1 / length if length != 0 else 0
        self.xpos *= scale
        self.ypos *= scale
        self.zpos *= scale
        return self
```

　normalizeでは、それぞれの成分の自乗和を求め、sqrtでその平方根を求めています。あとはそれぞれの成分を長さで割っている（＝「長さ分の1」を掛けている）だけです。

　先ほどの説明では、法線ベクトルは"面の中心を始点とし、面の表方向を向いた矢印"と説明しました。今回の実装では始点の位置情報は使っていません。光源が平行光線（太陽光のようにどの場所にいても同じ方向をむく光線）であれば、場所に関わらず明度は同じになるためです。

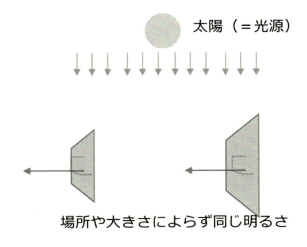

法線ベクトルが求まれば、あとは光源の向き（これもベクトルで表現できます）とのなす角度を求めれば面の明るさが求められることになります。

■明度の計算（ベクトルの内積）

法線ベクトルと光源ベクトルがわかれば、それらのベクトルがなす角度を計算することで明度が求められます。この角度を求めるためにベクトルの内積を使います。ベクトル v1 と v2 の内積（・）は以下の式で定義されます。

v1・v2 ＝ |v1| |v2| cos θ

ここで、

・|v1|＝ベクトル v1 の長さ

・|v2|＝ベクトル v2 の長さ

・θ＝2 つのベクトルのなす角度

となります。この v1・v2 はそれぞれの成分を掛け合わせて合計を求めるだけなので、簡単に計算することができます。

v1・v2 ＝ （v1のx × v2のx） ＋ （v1のy × v2のy） ＋ （v1のz × v2のz）

ここで、どちらのベクトルも単位ベクトルとします。すると |v1| も |v2| も 1 となるので、内積は cos θ となります。つまり、内積 v1・v2 を計算した結果が cos θ となるのです。θ が 0 のとき cos θ は 1 となります。θ が 0 のとき面は正面を向いているので最も明るい状態です。一方、90° のとき cos θ は 0 となります。θ が 90° のとき面は横を向いているので最も暗い状態です。このように cos θ はちょうど光源と面の向きに応じた明るさに一致します。

面を描画する順番にも注意が必要です。

```
surfaces = sorted(surfaces, key=lambda x: x.zpos)
for surface in surfaces:
    surface.update(verts)
```

配列 surfaces に Surface オブジェクトが格納されています。sorted を使って配列の要素を zpos が大きい順に並べ替えています。zpos が大きいということは遠くにあるということです。このように並び替えているのは、遠くのものを先に描画する必要があるためです。奥にある面を前面に描画すると不自然な印象になってしまうことは想像できると思います。

242 ┃ 第 7 章 〈3D 編 － 1〉簡易 VRML ビューワ

　このように奥にあるものから順に描画することを"ペインターのアルゴリズム"と呼びます。以上で描画の準備が整いました。各面を描画する処理を見てゆきましょう。
　画面を黒でクリアして、各面を描画してゆきます。すべてのSurfaceオブジェクトをfor文で順番に処理しています。

```
# Paint vertices
SURFACE.fill((0, 0, 0))
for surf in surfaces:
    ratio = surf.norm.xpos * light.xpos + \
            surf.norm.ypos * light.ypos + \
            surf.norm.zpos * light.zpos
    col = floor((ratio + 1) / 2 * 255)

    pts = []
    for pos in surf.pos:
        zpos = pos[2] + 5000
        xpos = pos[0] * 2500 / zpos + 300
        ypos = -pos[1] * 2500 / zpos + 300
        pts.append((xpos, ypos))
    pygame.draw.polygon(SURFACE, (col, col, col), pts)
```

　lightが光源の単位ベクトル、surf.normが各面の単位法線ベクトルです。両方とも単位ベクトルで長さが1であることに注目してください。内積の計算は以下の式で行います。これは内積の計算式の定義そのものです。

```
ratio = surf.norm.xpos * light.xpos + \
        surf.norm.ypos * light.ypos + \
        surf.norm.zpos * light.zpos
```

ratioの値は−1〜1の範囲をとるので、それが0〜255の範囲に収まるように以下の式で変換しています。

```
col = floor((ratio + 1) / 2 * 255)
```

あとは、ワイヤーフレームと同じようにposの座標位置から(xpos, ypos)を求め、その値を使ってpygame.draw.polygonでポリゴンを塗りつぶしています。

VRMLビューワの実装方法についての説明は以上です。後半は、内積や外積がでてきたので、内容が高度に感じられたかもしれません。ただ、"行列の計算、三角関数、内積や外積などが何のために役に立つのか"を把握することは、学校で行列を勉強するときにも役に立つはずです。

ここまで、VRMLファイルを読んで3Dモデルを解釈し、光源を意識しながらオブジェクトを回転させるというコードを実装してきました。おそらく本格的な3Dゲームやアプリをつくる際にはUnityやenchant.js、Three.jsなどの3Dライブラリを使うので、自分で内積や外積を計算する必要はないでしょう。しかしながら、これらのライブラリの中でどのような計算が行われているかイメージを持つことは決してムダにはならないはずです。

次の章からは、ここまで学習した内容を踏まえ、実際に3Dゲームを作ってみましょう。

244 | 第7章 〈3D編−1〉簡易VRMLビューワ

8

第8章 〈3D編 – 2〉3Dゲーム
サンプル

◉

勉強した内容をスキルとして定着させるためには、実際に使って
みることが大切です。本章ではここまで説明したことを踏まえて
3Dのゲームを詳しく解説してゆきます。行列やベクトル、三角
関数を実際のゲームでどのように使うかというヒントにしてくだ
さい。

8-1　3D ブロック崩し

8-1-1　ゲーム概要

　これまで説明してきた回転行列や三角関数を活用したサンプルとして、ブロック崩しを3Dで作ってみました。パドルが左右に移動するにつれ画面が左右に、ボールが手前と奥に移動するにつれ画面が手前と奥に傾きます。

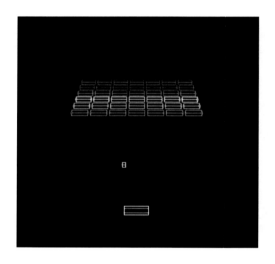 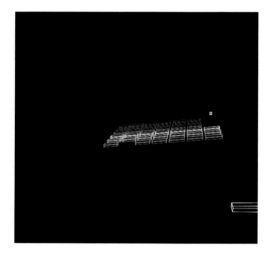

　実際にプレイしてみるとわかりますが、壁が描画されないのでボールが反射するタイミングがわからず、クリアするのは思いのほか難しいかもしれません。最初は壁を描画するつもりでしたが、難易度的にちょうどよかったので意図的に壁は描画しないことにしました。

8-1-2　ソースコード解説

●ファイル：3D_block.py

```python
""" 3D Blocks - Copyright 2016 Kenichiro Tanaka """
import sys
import random
from math import sin, cos, floor, radians
import pygame
from pygame.locals import QUIT, K_LEFT, K_RIGHT, KEYDOWN
```

```python
pygame.init()
pygame.key.set_repeat(5, 5)
SURFACE = pygame.display.set_mode([600, 600])
FPSCLOCK = pygame.time.Clock()


class Cube:
    """ Cube for blocks and paddle """
    polygons = [
        [2, 1, 5, 6], [0, 1, 2, 3], [4, 5, 1, 0],
        [2, 6, 7, 3], [7, 6, 5, 4], [0, 3, 7, 4]
    ]

    def __init__(self, x, y, z, w, h, d, color):
        self.xpos = x
        self.ypos = y
        self.width = w
        self.height = h
        self.color = color
        self.pos = []
        self.vertices = [
            {"x": x - w, "y": y - h, "z": z + d},
            {"x": x - w, "y": y + h, "z": z + d},
            {"x": x + w, "y": y + h, "z": z + d},
            {"x": x + w, "y": y - h, "z": z + d},
            {"x": x - w, "y": y - h, "z": z - d},
            {"x": x - w, "y": y + h, "z": z - d},
            {"x": x + w, "y": y + h, "z": z - d},
            {"x": x + w, "y": y - h, "z": z - d},
        ]

    def set_camera(self, rad_x, rad_y):
        "update vertice positions depending on camera location"
        self.pos.clear()
```

```python
        for vert in self.vertices:
            p0x = vert["x"]
            p0y = vert["y"]
            p0z = vert["z"]

            # rotate around X axis
            p1x = p0x
            p1y = p0y * cos(rad_x) - p0z * sin(rad_x)
            p1z = p0y * sin(rad_x) + p0z * cos(rad_x)

            # rotate around Y axis
            p2x = p1x * cos(rad_y) + p1z * sin(rad_y)
            p2y = p1y
            p2z = -p1x * sin(rad_y) + p1z * cos(rad_y)

            self.pos.append({"x": p2x, "y": p2y, "z": p2z})

    def ishit(self, xpos, ypos):
        "return if (x,y) hits the block"
        return self.xpos-self.width < xpos < self.xpos+self.width \
            and self.ypos-self.height < ypos <
self.ypos+self.height

    def translate(self, diffx, diffy):
        "move the block"
        self.xpos += diffx
        self.ypos += diffy
        for vert in self.vertices:
            vert["x"] += diffx
            vert["y"] += diffy

def tick():
    """ called periodically from the main loop """
    global SPEED, THETA, BLOCKS, MESSAGE
```

248 | 第8章 〈3D編 - 2〉3D ゲームサンプル

```
for event in pygame.event.get():
    if event.type == QUIT:
        pygame.quit()
        sys.exit()
    elif event.type == KEYDOWN:
        if event.key == K_LEFT:
            PADDLE.translate(-10, 0)
        elif event.key == K_RIGHT:
            PADDLE.translate(+10, 0)

if not MESSAGE is None:
    return

# move the ball
diffx = cos(radians(THETA)) * SPEED
diffy = sin(radians(THETA)) * SPEED
BALL.translate(diffx, diffy)

# hit any blocks?
count = len(BLOCKS)
BLOCKS = [x for x in BLOCKS if x == BALL or x == PADDLE \
    or not x.ishit(BALL.xpos, BALL.ypos)]

if len(BLOCKS) != count:
    THETA = -THETA

# hit ceiling, wall or paddle?
if BALL.ypos > 800:
    THETA = -THETA
    SPEED = 10
if BALL.xpos < -250 or BALL.xpos > 250:
    THETA = 180 - THETA
if PADDLE.ishit(BALL.xpos, BALL.ypos):
    THETA = 90 + ((PADDLE.xpos - BALL.xpos) / PADDLE.width) *
```

第 8 章　〈3D 編 – 2〉3D ゲームサンプル　249

```python
        if BALL.ypos < -1200 and len(BLOCKS) > 2:
            MESSAGE = MESS1
        if len(BLOCKS) == 2:
            MESSAGE = MESS0

        # Rotate the Cube
        rad_y = PADDLE.xpos / 1000
        rad_x = 0.5 + BALL.ypos / 2000
        for block in BLOCKS:
            block.set_camera(rad_x, rad_y)

def paint():
    "update the screen"
    SURFACE.fill((0, 0, 0))

    # Paint polygons
    for block in BLOCKS:
        for indices in block.polygons:
            poly = []
            for index in indices:
                pos = block.pos[index]
                zpos = pos["z"] + 500
                xpos = pos["x"] * 500 / zpos + 300
                ypos = -pos["y"] * 500 / zpos + 500
                poly.append((xpos, ypos))
            pygame.draw.lines(SURFACE, block.color, True, poly)

    if not MESSAGE is None:
        SURFACE.blit(MESSAGE, (150, 400))
    pygame.display.update()

FPS = 40
SPEED = 5
```

第 8 章　〈3D 編 − 2〉3D ゲームサンプル

```python
THETA = 270 + floor(random.randint(-10, 10))
BLOCKS = []
BALL = Cube(0, 400, 0, 5, 5, 5, (255, 255, 0))
PADDLE = Cube(0, 0, 0, 30, 10, 5, (255, 255, 255))
MESSAGE = None
MYFONT = pygame.font.SysFont(None, 80)
MESS0 = MYFONT.render("Cleared!!!", True, (255, 255, 0))
MESS1 = MYFONT.render("Game Over!", True, (255, 255, 0))


def main():
    """ main routine """
    colors = [(255, 0, 0), (255, 165, 0), (242, 242, 0),
              (0, 128, 0), (128, 0, 128), (0, 0, 250)]

    for ypos in range(0, len(colors)):
        for xpos in range(-3, 4):
            block = Cube(xpos * 70, ypos * 50 + 450, 0,
                         30, 10, 5, colors[ypos])
            BLOCKS.append(block)

    BLOCKS.append(PADDLE)
    BLOCKS.append(BALL)

    while True:
        tick()
        paint()
        FPSCLOCK.tick(FPS)

if __name__ == '__main__':
    main()
```

■座標系

　まず座標系を確認しておきましょう。ここをしっかりと把握していないとソースコードを読

んでも混乱してしまいます。

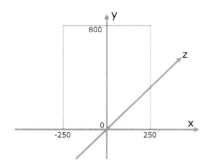

横方向がX軸で縦方向がY軸、奥行きがZ軸です。Y軸は上が正、Z軸は奥が正であることに注意してください。Y軸は描画時に上下を反転しています。

■主なグローバル変数

使用している主なグローバル変数は以下の通りです。

FPS	フレームレート
BLOCKS= []	すべての直方体を格納する配列
PADDLE	パドル（Cubeオブジェクト）への参照
BALL	ボール（Cubeオブジェクト）への参照
SPEED	ボールのスピード
MESSAGE	ゲーム終了時のメッセージ文字列
THETA	ボールの向き（度）

THETAはボールが進む向きです。分かりやすさを優先させるため単位は度にしました。cos/sinを計算するときは、radians関数を使ってラジアンに変換しています。

THETAの向きは、右方向が0で反時計回りに90°→180°→270°と変化してゆきます。

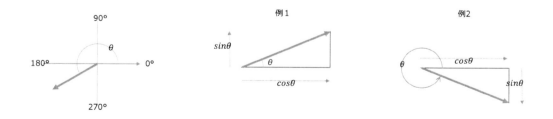

上図のように、ボールのx軸とy軸方向の移動成分(diffx, diffy)は以下の式で求められ

ます。

```
    diffx = cos(radians(THETA)) * SPEED
    diffy = sin(radians(THETA)) * SPEED
    BALL.translate(diffx, diffy)
```

ボールの最初の向きは乱数で多少幅を持たせるようにしています。

```
THETA = 270 + floor(random.randint(-10, 10))
```

■主な関数の解説

今回描画する対象は、ブロック、パドル、ボールの3つです。実は、ボールを球形にすることも考えたのですが、コードをシンプルにしたかったので今回は立方体としました。これらはすべてCubeオブジェクトとして実装しています。

Cubeオブジェクトのメソッドは以下の通りです。

```
def __init__(self, x, y, z, w, h, d, color):
```

Cubeオブジェクトのコンストラクタです。Cubeの中心座標を(x,y,z)、中心からの幅、高さ、奥行きを(w,h,d)、描画色をcolorとしています。その様子を以下の図に示します。

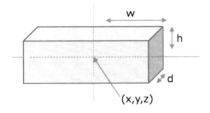

頂点を結んでワイヤーフレームを描画しますが、各頂点の座標を配列verticesに格納しています。

```
this.vertices = [
    { x: x - w, y: y - h, z: z + d }, ⓪
    { x: x - w, y: y + h, z: z + d }, ①
    { x: x + w, y: y + h, z: z + d }, ②
    { x: x + w, y: y - h, z: z + d }, ③
    { x: x - w, y: y - h, z: z - d }, ④
    { x: x - w, y: y + h, z: z - d }, ⑤
    { x: x + w, y: y + h, z: z - d }, ⑥
    { x: x + w, y: y - h, z: z - d }, ⑦
];
```

ここまで説明した内容をソースコードに落とし込んだものがCubeオブジェクトのコンストラクタです。

```python
def __init__(self, x, y, z, w, h, d, color):
    self.xpos = x
    self.ypos = y
    self.width = w
    self.height = h
    self.color = color
    self.pos = []
    self.vertices = [
        {"x": x - w, "y": y - h, "z": z + d},
        {"x": x - w, "y": y + h, "z": z + d},
        {"x": x + w, "y": y + h, "z": z + d},
        {"x": x + w, "y": y - h, "z": z + d},
        {"x": x - w, "y": y - h, "z": z - d},
        {"x": x - w, "y": y + h, "z": z - d},
        {"x": x + w, "y": y + h, "z": z - d},
        {"x": x + w, "y": y - h, "z": z - d},
    ]
```

x，y，w，h，colorをプロパティとして保存し、頂点の初期座標をverticesに格納しています。頂点が8個あるので配列の要素も8個あります。

254 | 第8章 〈3D編−2〉3Dゲームサンプル

set_cameraはX軸とY軸を中心に回転させるメソッドです。それぞれの頂点座標vertを配列verticesから取り出し、座標p0x，p0y，p0zを初期化しています。あとは、それらに回転行列を適用しているだけです。回転後の座標はプロパティposに保存しています。

```python
def set_camera(self, rad_x, rad_y):
    "update vertice positions depending on camera location"
    self.pos.clear()
    for vert in self.vertices:
        p0x = vert["x"]
        p0y = vert["y"]
        p0z = vert["z"]

        # rotate around X axis
        p1x = p0x
        p1y = p0y * cos(rad_x) - p0z * sin(rad_x)
        p1z = p0y * sin(rad_x) + p0z * cos(rad_x)

        # rotate around Y axis
        p2x = p1x * cos(rad_y) + p1z * sin(rad_y)
        p2y = p1y
        p2z = -p1x * sin(rad_y) + p1z * cos(rad_y)

        self.pos.append({"x": p2x, "y": p2y, "z": p2z})
```

ボールはブロックやパドルと衝突します。それを検出するためにishitメソッドを実装しました。今回3Dではありますが、実質的にはZ軸の情報は使っていません。厳密には立方体の重なり判定をすべきですが、ここでは、座標xpos,yposがCubeの中に含まれるか否かしか見ていません。translateはCubeを移動させるためのメソッドです。

```python
def ishit(self, xpos, ypos):
    "return if (x,y) hits the block"
    return self.xpos-self.width < xpos < self.xpos+self.width \
        and self.ypos-self.height < ypos <
self.ypos+self.height

def translate(self, diffx, diffy):
```

第8章　〈3D編−2〉3Dゲームサンプル　255

```python
    "move the block"
    self.xpos += diffx
    self.ypos += diffy
    for vert in self.vertices:
        vert["x"] += diffx
        vert["y"] += diffy
```

● **def main():**

メインルーチンです。最初にcolorsを初期化しています。

```python
def main():
    """ main routine """
    colors = [(255, 0, 0), (255, 165, 0), (242, 242, 0),
              (0, 128, 0), (128, 0, 128), (0, 0, 250)]

    for ypos in range(0, len(colors)):
        for xpos in range(-3, 4):
            block = Cube(xpos * 70, ypos * 50 + 450, 0,
                         30, 10, 5, colors[ypos])
            BLOCKS.append(block)

    BLOCKS.append(PADDLE)
    BLOCKS.append(BALL)

    while True:
        tick()
        paint()
        FPSCLOCK.tick(FPS)
```

　次に、二重forループを使ってブロックを作成し、配列BLOCKSに格納しています。次に、パ
ドル（PADDLE）とボール（BALL）も同様に作成し、同じく配列BLOCKSに格納します。あと
は、メインループを開始します。メインループの中では、フレーム毎の処理をtick()で、フ
レーム毎の描画をpaint()で行っています。

256 ｜ 第8章 〈3D編－2〉3Dゲームサンプル

●def tick():

少し長いので分割してみてゆきます。tick()の中から広域変数SPEED, THETA, BLOCKS, MESSAGEを書き換えるので、globalで宣言しています。

```
def tick():
    """ called periodically from the main loop """
    global SPEED, THETA, BLOCKS, MESSAGE
    for event in pygame.event.get():
        if event.type == QUIT:
            pygame.quit()
            sys.exit()
        elif event.type == KEYDOWN:
            if event.key == K_LEFT:
                PADDLE.translate(-10, 0)
            elif event.key == K_RIGHT:
                PADDLE.translate(+10, 0)

    if not MESSAGE is None:
        return
```

イベントキューにあるイベントを順番に処理してゆきます。event.typeがQUITのときは終了します。event.typeがKEYDOWNのとき、キーの値がK_LEFTであればtranslate(-10, 0)でPADDLEを左へ、K_RIGHTであれば、translate(+10, 0)でPADDLEを右へ移動します。

MESSAGEに何かが代入されている場合はゲーム終了としてリターンします。

以下のコードでボールの移動量（diffx = X軸方向の移動量、diffy=Y軸方向の移動量）を求めて、translate()メソッドを使ってボールを動かしています。

```
    # move the ball
    diffx = cos(radians(THETA)) * SPEED
    diffy = sin(radians(THETA)) * SPEED
    BALL.translate(diffx, diffy)
```

ボールとブロックの衝突判定を以下のコードで行っています。まず、配列BLOCKSの長さを変数countに格納します。

```
    # hit any blocks?
    count = len(BLOCKS)
```

第8章　〈3D編 - 2〉3Dゲームサンプル　257

```python
    BLOCKS = [x for x in BLOCKS if x == BALL or x == PADDLE \
        or not x.ishit(BALL.xpos, BALL.ypos)]


    if len(BLOCKS) != count:
        THETA = -THETA
```

　リスト内包表記を使って、特定の条件を満たす要素のみを取り出しています。今回は3つの条件のどれかに当てはまる Cube を返しています。

・ball オブジェクト　x == BALL

・paddle オブジェクト　x == PADDLE

・ball と衝突していないブロック　not x.ishit(BALL.xpos, BALL.ypos)

　つまり、ball と衝突しているブロックは戻り値の配列に含まれないことになります。抽出後の長さと元の長さ count を比較していますが、この条件が真の場合は、ブロックとボールが衝突したことになります。その場合は、ボールの向き THETA を反転させてボールの移動方向を変えています。

　以下のコードはボールを反射させる処理です。

```python
    # hit ceiling, wall or paddle?
    if BALL.ypos > 800:
        THETA = -THETA
        SPEED = 10
    if BALL.xpos < -250 or BALL.xpos > 250:
        THETA = 180 - THETA
    if PADDLE.ishit(BALL.xpos, BALL.ypos):
        THETA = 90 + ((PADDLE.xpos - BALL.xpos) / PADDLE.width) *
80
    if BALL.ypos < -1200 and len(BLOCKS) > 2:
        MESSAGE = MESS1
    if len(BLOCKS) == 2:
        MESSAGE = MESS0
```

　天井に衝突したとき（ボールのy値が800より大きくなったとき）は、向きをTHETAから-THETAに変更します。この様子を詳しく見てみましょう。入射角を$\theta 1$、反射角を$\theta 3$とします。ここで、$\theta 2$は$\theta 1$の同位角なので同じ値です。$\theta 2$と$\theta 3$は向きが逆になっているだけなので、$\theta 3 = -\theta 1$すなわちTHETA = -THETAとなります。

258　第8章　〈3D編－2〉3Dゲームサンプル

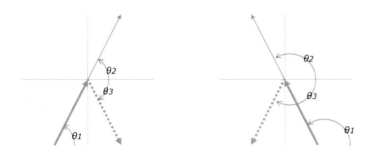

　左右の壁に衝突したとき、すなわち(BALL.xpos < -250 or BALL.xpos > 250)が真のときも、天井と同様に向きを変えます。以下の図より、反射した後の角θ2は180-θ1に等しくなることがわかります。

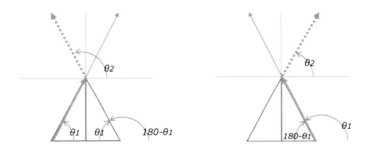

　PADDLE.ishit(BALL.xpos, BALL.ypos)が真の場合、すなわち、パドルとボールが衝突した場合です。パドルの中心座標PADDLE.xposと衝突時のボールのx座標BALL.xposの差分をとり、その差分をPADDLE.widthで割ります。これにより、中心からどの程度ずれた場所で衝突したかが計算できます。あとはその割合に一定量（ここでは80）を掛け合わせることで、衝突位置に応じて反射角が変化するようにしています。

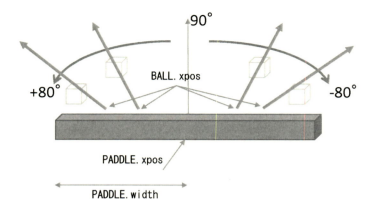

ブロックがのこっているのに、ボールがパドルより下に行ってしまったとき、すなわち(BALL.ypos < -1200 and len(BLOCKS) > 2)が真になったときはゲームオーバーです。

len(BLOCKS) == 2が真のとき、すなわち残るBlockがボールとパドルだけのとき、ゲームクリアです。

最後に回転させる処理です。PADDLEのX座標PADDLE.xposをもとにY軸方向の回転角を、BALLのY座標の値BALL.yposをもとにX軸方向の回転角を求め、すべてのCubeオブジェクトについてset_cameraメソッドを呼び出し、座標を更新しています。これにより、画面全体が回転する効果を演出しています。

```
# Rotate the Cube
rad_y = PADDLE.xpos / 1000
rad_x = 0.5 + BALL.ypos / 2000
for block in BLOCKS:
    block.set_camera(rad_x, rad_y)
```

● def paint():

描画処理を行う関数です。最初に背景を黒で塗りつぶし、三重のループを使って、BLOCKSに含まれるCubeを描画しています。

```
def paint():
    "update the screen"
    SURFACE.fill((0, 0, 0))

    # Paint polygons
    for block in BLOCKS:
```

```
    for indices in block.polygons:
        poly = []
        for index in indices:
            pos = block.pos[index]
            zpos = pos["z"] + 500
            xpos = pos["x"] * 500 / zpos + 300
            ypos = -pos["y"] * 500 / zpos + 500
            poly.append((xpos, ypos))
        pygame.draw.lines(SURFACE, block.color, True, poly)

    if not MESSAGE is None:
        SURFACE.blit(MESSAGE, (150, 400))
    pygame.display.update()
```

・外側：配列BLOCKSから個々のblockを取り出す。

・中側：ポリゴンの配列block.polygonsから頂点の配列indicesを取り出す。

・内側：頂点の配列indicesから頂点の番号indexを取り出す。

中側と内側のfor文の様子を以下の図に示します。

第8章　〈3D編－2〉3Dゲームサンプル　261

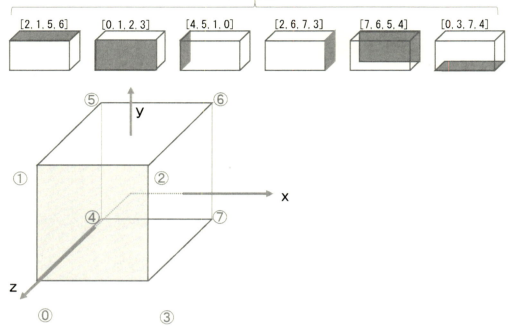

すべての頂点は block.pos[] に格納されています。index を使って、その座標を取り出して、あとは VRML ビューワと同じように、平面における座標 (xpos, ypos) を求めます。

```
zpos = pos["z"] + 500
xpos = pos["x"] * 500 / zpos + 300
ypos = -pos["y"] * 500 / zpos + 500
```

zpos は奥行きです。視点が z=0 の場所だとすると、描画対象の物体と同じ奥行きから見ることになるので描画できません。そこで一歩引いてみるために zpos に 500 を加えています。

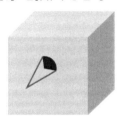
対象を描画できない

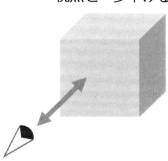
視点を一歩下げる

　奥にあるほどzposが大きくなり、zposが大きいほど、pos["x"] * 500 / zposの値は小さくなります。すなわち、遠くのものはより小さく描画されることになります。このままだと値が小さすぎるので、適当な値（今回はいろいろ試して500を選びました）を掛け合わせています。

　スクリーンは左上が(0,0)の原点です。今回想定している座標系は(0,0,0)が画面の中心です。これらを調整するためにX軸方向に+300、Y軸方向に+500を行っています。また、Y軸方向の向きが逆になっているため、yの値を計算するときにマイナスを掛け合わせています。

　座標が求まったらあとは描画するだけです。pygame.draw.linesで線分を描画します。後にメッセージがある場合は、その文字列を描画しています。

　3Dブロック崩しのソースコードの解説は以上です。サンプルゲームなので必要最小限の機能しかありません。スコアを追加したり、ステージクリアの処理を追加したり、効果音を加えたり、改善の余地はたくさんあります。ぜひオリジナルのブロック崩しゲームを作ってみてください。

8-2　3D 迷路

8-2-1　ゲーム概要

　立体の面を描画するサンプルとして3D迷路を作成してみました。道には緑色のアイテムが置いてあります。左右キーで向きを変え、上下キーで前後に進みながら、すべてのアイテムを回収してください。

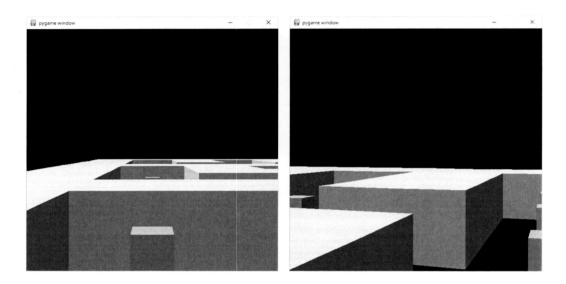

　これだけでは多少味気がなかったので、スペースキーでジャンプする機能も実装しました。

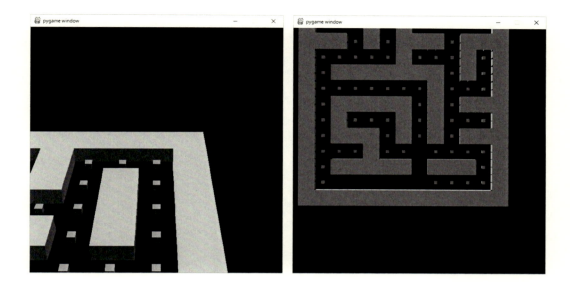

宙を浮いて迷路を俯瞰している感覚が味わえます。

8-2-2　ソースコード解説

●ファイル：3D_maze.py

```
""" 3D MAZE - Copyright 2016 Kenichiro Tanaka """
import sys
import random
from math import sin, cos, pi, sqrt, floor
import pygame
from pygame.locals import QUIT, KEYDOWN, \
    K_LEFT, K_RIGHT, K_UP, K_DOWN, K_SPACE


def normalize(vec):
    """ normalize the vector (make the length 1) """
    scale = 1 / sqrt(vec[0]**2 + vec[1]**2 + vec[2]**2)
    return (vec[0]*scale, vec[1]*scale, vec[2]*scale)


def get_norm_vec(pos1, pos2, pos3):
    """ get the normal vector from 3 vertices """
    pvec = (pos1[0] - pos2[0], pos1[1] - pos2[1], pos1[2] - pos2[2])
```

```python
    qvec = (pos1[0] - pos3[0], pos1[1] - pos3[1], pos1[2] -
pos3[2])
    norm = (pvec[1]*qvec[2] - pvec[2]*qvec[1],
            pvec[2]*qvec[0] - pvec[0]*qvec[2],
            pvec[0]*qvec[1] - pvec[1]*qvec[0])
    return normalize(norm)


def create_maze(width, height):
    """ create maze data (0:empty 1:wall) """
    maze = [[0 for i in range(width)] for j in range(height)]
    for zpos in range(0, height):
        for xpos in range(0, width):
            if xpos in (0, width-1) or zpos in (0, height-1):
                maze[zpos][xpos] = 1
            if zpos%2 == 1 or xpos%2 == 1:
                continue
            if zpos > 1 and xpos > 1 and zpos < height-1 and \
                xpos < width-1:
                maze[zpos][xpos] = 1
                direction = random.randint(0, 3 if zpos == 2 else
2)
                (nextx, nextz) = (xpos, zpos)
                if direction == 0:
                    nextz += 1
                elif direction == 1:
                    nextx -= 1
                elif direction == 2:
                    nextx += 1
                elif direction == 3:
                    nextz -= 1
                maze[nextz][nextx] = 1
    return maze


class Surface():
```

266 | 第 8 章 〈3D 編 − 2〉3D ゲームサンプル

```python
    """ object for each surface """
    def __init__(self, v0, v1, v2, v3, tag, index):
        self.vert = (v0, v1, v2, v3)
        self.tag = tag
        self.index = index
        self.norm = (0, 0, 0)
        self.zpos = 0


    def update(self):
        """ update the normal vector of the surface """
        self.norm = get_norm_vec(self.vert[0],
                                 self.vert[1],
                                 self.vert[2])
        self.zpos = (self.vert[0][2] + self.vert[1][2] + \
                     self.vert[2][2] + self.vert[3][2]) / 4
        if self.index == 0:
            self.zpos -= 1


class Cube():
    """ 3D Cube model """
    polygons = (
        (2, 1, 5, 6), (0, 1, 2, 3), (4, 5, 1, 0),
        (2, 6, 7, 3), (7, 6, 5, 4), (0, 3, 7, 4)
    )


    def __init__(self, x, y, z, w, h, d, tag):
        self.xpos = x
        self.zpos = z
        self.pos = []
        self.surfaces = []
        self.vertices = (
            (x - w, y - h, z + d),
            (x - w, y + h, z + d),
            (x + w, y + h, z + d),
```

```python
                (x + w, y - h, z + d),
                (x - w, y - h, z - d),
                (x - w, y + h, z - d),
                (x + w, y + h, z - d),
                (x + w, y - h, z - d),
        )

        for vert in self.vertices:
            self.pos.append([vert[0], vert[1], vert[2]])

        for i in range(5):
            indices = self.polygons[i]
            pos0 = self.pos[indices[0]]
            pos1 = self.pos[indices[1]]
            pos2 = self.pos[indices[2]]
            pos3 = self.pos[indices[3]]
            self.surfaces.append(
                Surface(pos0, pos1, pos2, pos3, tag, i))


    def set_camera(self, camera_x, camera_y, camera_z,
                   mrot_x, mrot_y):
        """ set camera location and update vertices positions """
        for i in range(len(self.vertices)):
            vert = self.vertices[i]
            xpos = vert[0] - camera_x
            ypos = vert[1] - camera_y
            zpos = vert[2] - camera_z


            # rotate around Y axis
            ppos = mrot_y[0] * xpos + mrot_y[1] * ypos \
                + mrot_y[2] * zpos
            qpos = mrot_y[3] * xpos + mrot_y[4] * ypos \
                + mrot_y[5] * zpos
            rpos = mrot_y[6] * xpos + mrot_y[7] * ypos \
```

```python
                    + mrot_y[8] * zpos

            # rotate around X axis
            self.pos[i][0] = mrot_x[0] * ppos \
                + mrot_x[1] * qpos + mrot_x[2] * rpos
            self.pos[i][1] = mrot_x[3] * ppos \
                + mrot_x[4] * qpos + mrot_x[5] * rpos
            self.pos[i][2] = mrot_x[6] * ppos \
                + mrot_x[7] * qpos + mrot_x[8] * rpos

        for surface in self.surfaces:
            surface.update()


def eventloop():
    """ handle events in eventloop """
    global COUNTER, JUMPSPEED, CUBES
    (diffx, diffz) = (0, 0)
    for event in pygame.event.get():
        if event.type == QUIT:
            pygame.quit()
            sys.exit()
        elif event.type == KEYDOWN:
            if event.key == K_LEFT:
                TURN[1] = TURN[0] + 1
            elif event.key == K_RIGHT:
                TURN[1] = TURN[0] - 1
            elif event.key == K_UP:
                diffx = round(cos(TURN[0]*pi/2))
                diffz = round(sin(TURN[0]*pi/2))
            elif event.key == K_DOWN:
                diffx = -round(cos(TURN[0]*pi/2))
                diffz = -round(sin(TURN[0]*pi/2))
            elif event.key == K_SPACE and JUMPSPEED == 0:
                JUMPSPEED = 150
```

```python
        if COUNTER != 0:
            continue

        if not (diffx == 0 and diffz == 0) and \
            (MAZE[ZPOS[0] + diffz][XPOS[0] + diffx] == 0):
            CUBES = [c for c in CUBES if not \
                (c.xpos/100 == XPOS[0]+diffx and \
                c.zpos/100 == ZPOS[0]+diffz)]
            CUBES = [c for c in CUBES if not \
                (c.xpos/100 == XPOS[0]+diffx*2 and \
                c.zpos/100 == ZPOS[0]+diffz*2)]
            (XPOS[1], ZPOS[1]) = (XPOS[0] + diffx*2,
                                  ZPOS[0] + diffz*2)

    if TURN[1] != TURN[0] or XPOS[1] != XPOS[0] or \
        ZPOS[1] != ZPOS[0]:
        COUNTER = 1

def tick():
    """ called periodically from the main loop """
    global COUNTER, CAMERAY, JUMPSPEED
    eventloop()

    camera_rot_y = TURN[0] * pi / 2 - pi / 2
    (camera_x, camera_z) = (XPOS[0] * 100, ZPOS[0] * 100)
    if COUNTER > 0:
        camera_rot_y += ((TURN[1] - TURN[0]) * COUNTER / 10) \
            * (pi / 2)
        camera_x += ((XPOS[1] - XPOS[0]) * COUNTER / 10) * 100
        camera_z += ((ZPOS[1] - ZPOS[0]) * COUNTER / 10) * 100
        COUNTER += 1
        if COUNTER >= 10:
            TURN[0] = TURN[1] = (TURN[1] + 4) % 4
```

```python
        (XPOS[0], ZPOS[0]) = (XPOS[1], ZPOS[1])
        COUNTER = 0

    JUMPSPEED -= 4
    CAMERAY += JUMPSPEED
    if CAMERAY < 50:
        JUMPSPEED = 0
        CAMERAY = 50

    (cval, sval) = (cos(camera_rot_y), sin(camera_rot_y))
    mrot_y = [cval, 0, sval, 0, 1, 0, -sval, 0, cval]
    mrot_x = [1, 0, 0, 0, 1, 0, 0, 0, 1]
    if CAMERAY != 50:
        camera_rot_x = min(90, (CAMERAY - 50) / 20) * pi / 180
        (cval, sval) = (cos(-camera_rot_x), sin(-camera_rot_x))
        mrot_x = [1, 0, 0, 0, cval, -sval, 0, sval, cval]
    for cube in CUBES:
        cube.set_camera(camera_x, CAMERAY, camera_z,
                        mrot_x, mrot_y)


def paint():
    """ update the surface """
    # Paint polygons
    SURFACE.fill((0, 0, 0))
    surfaces = []
    for cube in CUBES:
        surfaces.extend(cube.surfaces)
    surfaces = sorted(surfaces, key=lambda x: x.zpos, reverse=True)

    for surf in surfaces:
        dot = surf.norm[0]*LIGHT[0] + surf.norm[1]*LIGHT[1] \
            + surf.norm[2]*LIGHT[2]
        ratio = (dot + 1) / 2
        (rval, gval, bval) = (0, 255, 128) \
```

第8章 〈3D編－2〉3Dゲームサンプル   271

```python
            if surf.tag == "dot" else (255, 255, 255)
        (rval, gval, bval) = (floor(rval*ratio),
                            floor(gval*ratio), floor(bval*ratio))

        pts = []
        for i in range(4):
            (xpos, ypos, zpos) = (surf.vert[i][0],
                            surf.vert[i][1], surf.vert[i][2])
            if zpos <= 10:
                continue
            xpos = int(xpos * 1000 / zpos + 300)
            ypos = int(-ypos * 1000 / zpos + 300)
            pts.append((xpos, ypos))

        if len(pts) > 3:
            pygame.draw.polygon(SURFACE, (rval, gval, bval), pts)

    pygame.display.update()

def main():
    """ main routine """
    for zpos in range(0, H):
        for xpos in range(0, W):
            if MAZE[zpos][xpos] == 1:
                CUBES.append(Cube(xpos*100-25, 0, zpos*100-25,
                                25, 25, 25, "wall"))
                CUBES.append(Cube(xpos*100+25, 0, zpos*100-25,
                                25, 25, 25, "wall"))
                CUBES.append(Cube(xpos*100-25, 0, zpos*100+25,
                                25, 25, 25, "wall"))
                CUBES.append(Cube(xpos*100+25, 0, zpos*100+25,
                                25, 25, 25, "wall"))
            else:
                CUBES.append(Cube(xpos*100, 0, zpos*100,
```

```
                                 10, 10, 10, "dot"))

    while True:
        tick()
        paint()
        FPSCLOCK.tick(FPS)


pygame.init()
SURFACE = pygame.display.set_mode([600, 600])
SURFACE.convert()
FPSCLOCK = pygame.time.Clock()
(W, H) = (13, 13)
XPOS = [1, 1]
ZPOS = [1, 1]
TURN = [1, 1]
COUNTER = 0
CAMERAY = 50
JUMPSPEED = 0
LIGHT = normalize([0.5, -0.8, -0.2])
FPS = 30
CUBES = []
MAZE = create_maze(W, H)


if __name__ == '__main__':
    main()
```

■座標系

いつものように座標系を確認しましょう。

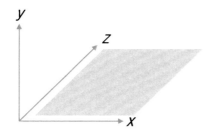

　迷路はX-Z平面上に描画されます。Y軸は上方向が正、Z軸は画面奥が正となります。
　移動方向とカメラの回転角については注意が必要です。このゲームはプレーヤの視点で描画されますが、プレーヤは90度単位に向きを変え、前後に移動するという仕様にしました。そこで、移動方向TURNは以下のように0〜3までの離散値としました。この値にπ×1/2を掛けることで角度θ（ラジアン）が求まります。このθを使うと、x軸方向の移動がcos θ、z軸方向の移動がsin θと簡単に求まります。

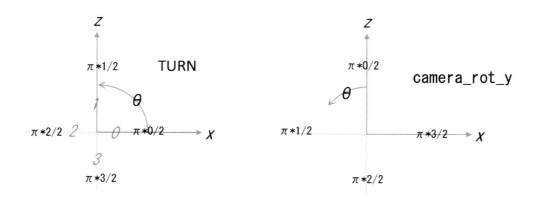

　一方で、カメラの回転角であるcamera_rot_yはZ軸方向が0となるようにしました。これは、最初にゲームを開始したとき、すなわちカメラが回転していない状態がZ軸方向になるように実装したためです。このように移動方向を求める角度とカメラの回転角が「2分のπ」ずれていることに注意してください。
　また、地図に関しては以下のようになります。迷路MAZEは左下図のようにX-Z平面上の2次元配列として作成しています。この迷路を描画するため、右下図のように立方体を配置しています。

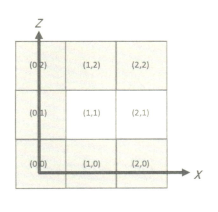
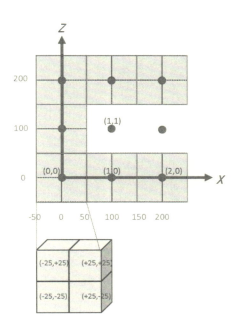

　1辺が50の立方体を4つ並べて壁1つ分の区画を表現しています。通路には緑色の立方体を配置していますが、これらは中心がx、z座標の100倍になるように配置しています。たとえば、(1,1)の通路にある緑色のブロックは、中央の座標が(x:100, z:100)となります。

　実は、最初は壁を100x100の立方体として実装しました。しかしながら、面の一部が背面に回り込んだ状況を違和感なく描画することが困難だったため、一辺を50に変更しました。以下の図では中央の丸が自分の視点で、背後に回り込んでいる面を点線で描画しています。立方体のサイズを小さくすることでこの状況を緩和し、違和感をだいぶ軽減させることができました。

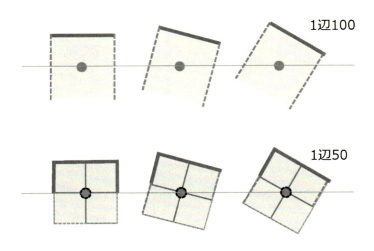

■主な変数

使用している主な変数は以下の通りです。

MAZE = []	迷路データ格納用の2次元配列
CUBES = []	立方体を格納する配列
W = 13, H = 13	迷路の幅と高さ
XPOS = [1, 1]	現在の自分のX座標と次の自分のX座標
ZPOS = [1, 1]	現在の自分のZ座標と次の自分のZ座標
TURN = [1, 1]	現在の自分の向きと次の自分の向き
CAMERAY	カメラのY座標
JUMPSPEED	ジャンプ時の速度
COUNTER	移動用のカウンタ
LIGHT	光源の単位ベクトル

以下のコードで変数を初期化しています。グローバル変数は大文字で表現しています。

```
(W, H) = (13, 13)
XPOS = [1, 1]
ZPOS = [1, 1]
TURN = [1, 1]
COUNTER = 0
CAMERAY = 50
JUMPSPEED = 0
LIGHT = normalize([0.5, -0.8, -0.2])
FPS = 30
CUBES = []
MAZE = create_maze(W, H)
```

■主なクラス

●Cube

立方体を表現するクラスです。壁と通路に落ちているブロックを表現します。このクラスのメソッドを順番に見てゆきます。

```
def __init__(self, x, y, z, w, h, d, tag):
```

コンストラクタです。x，y，zは中心の座標、wは幅、hは高さ、dは奥行き、tagは立方体の種類です。

276 | 第8章 〈3D編－2〉3Dゲームサンプル

```python
class Cube():
    """ 3D Cube model """
    polygons = (
        (2, 1, 5, 6), (0, 1, 2, 3), (4, 5, 1, 0),
        (2, 6, 7, 3), (7, 6, 5, 4), (0, 3, 7, 4)
    )

    def __init__(self, x, y, z, w, h, d, tag):
        self.xpos = x
        self.zpos = z
        self.pos = []
        self.surfaces = []
        self.vertices = (
            (x - w, y - h, z + d),
            (x - w, y + h, z + d),
            (x + w, y + h, z + d),
            (x + w, y - h, z + d),
            (x - w, y - h, z - d),
            (x - w, y + h, z - d),
            (x + w, y + h, z - d),
            (x + w, y - h, z - d),
        )
```

　まず、xとzをメンバ変数として格納しています。posは描画直前の座標を格納する配列です。verticesは頂点の座標、polygonsは頂点を結ぶ順序を格納した配列（クラス変数）です。

第8章　〈3D編 – 2〉3Dゲームサンプル　277

```
self.vertices = (
    (x - w, y - h, z + d), ⓪
    (x - w, y + h, z + d), ①
    (x + w, y + h, z + d), ②
    (x + w, y - h, z + d), ③
    (x - w, y - h, z - d), ④
    (x - w, y + h, z - d), ⑤
    (x + w, y + h, z - d), ⑥
    (x + w, y - h, z - d), ⑦
)
```

```
polygons = (
    (2, 1, 5, 6), (0, 1, 2, 3), (4, 5, 1, 0),
    (2, 6, 7, 3), (7, 6, 5, 4), (0, 3, 7, 4)
)
```

```
for vert in self.vertices:
    self.pos.append([vert[0], vert[1], vert[2]])


for i in range(5):
    indices = self.polygons[i]
    pos0 = self.pos[indices[0]]
    pos1 = self.pos[indices[1]]
    pos2 = self.pos[indices[2]]
    pos3 = self.pos[indices[3]]
    self.surfaces.append(
        Surface(pos0, pos1, pos2, pos3, tag, i))
```

　最初のfor文では頂点の座標を初期化しています。verticesは頂点の配列です。vert[0]はは頂点のx座標、vert[1]はy座標、vert[2]はz座標です。これらをリストにして配列posに追加しています。

　次のfor文では、self.polygons[i]で各面（ポリゴン）を取り出しています。そのインデックスの値を使って4つの頂点（pos0，pos1，pos2，pos3）を取得し、その値からSurfaceオブジェクトを作成し、配列surfacesに追加しています。このゲームでは底面を描画する必要はありません。range(6)でなく、range(5)としているのはそのためです。

278 | 第8章 〈3D編-2〉3Dゲームサンプル

set_cameraはカメラの位置や向きに応じて立方体の座標を更新する関数です。引数はカメラのX,Y,Z座標（camera_x, camera_y, camera_z）と、X軸方向mrot_x、Y軸方向mrot_yへの回転ベクトルです。

```python
def set_camera(self, camera_x, camera_y, camera_z,
               mrot_x, mrot_y):
    """ set camera location and update vertices positions """
    for i in range(len(self.vertices)):
        vert = self.vertices[i]
        xpos = vert[0] - camera_x
        ypos = vert[1] - camera_y
        zpos = vert[2] - camera_z

        # rotate around Y axis
        ppos = mrot_y[0] * xpos + mrot_y[1] * ypos \
            + mrot_y[2] * zpos
        qpos = mrot_y[3] * xpos + mrot_y[4] * ypos \
            + mrot_y[5] * zpos
        rpos = mrot_y[6] * xpos + mrot_y[7] * ypos \
            + mrot_y[8] * zpos

        # rotate around X axis
        self.pos[i][0] = mrot_x[0] * ppos \
            + mrot_x[1] * qpos + mrot_x[2] * rpos
        self.pos[i][1] = mrot_x[3] * ppos \
            + mrot_x[4] * qpos + mrot_x[5] * rpos
        self.pos[i][2] = mrot_x[6] * ppos \
            + mrot_x[7] * qpos + mrot_x[8] * rpos

    for surface in self.surfaces:
        surface.update()
```

移動前の頂点の座標は配列self.verticesに格納されているので、その個数分for文の処理を実行します。

```python
xpos = vert[0] - camera_x
```

第8章 〈3D編−2〉3Dゲームサンプル　279

vert[0]は原点（X軸、Y軸、Z軸の交差する点）から見たX座標です。それの値からカメラの座標camera_xを引くことで、現在の視点から見える座標を求めています。yやzも同様に求めます。

以下の計算式でY軸方向に回転した座標を求めています。回転前の座標が（xpos，ypos，zpos）で、回転後の座標が（ppos，qpos，rpos）です。計算式に関しては、行列について解説した章を参照してください。

```
# rotate around Y axis
ppos = mrot_y[0] * xpos + mrot_y[1] * ypos \
     + mrot_y[2] * zpos
qpos = mrot_y[3] * xpos + mrot_y[4] * ypos \
     + mrot_y[5] * zpos
rpos = mrot_y[6] * xpos + mrot_y[7] * ypos \
     + mrot_y[8] * zpos
```

次に以下の式でX軸方向に回転します。回転前の座標が（ppos，qpos，rpos）で、回転後の座標が（pos[i][0]，pos[i][1]，pos[i][2]）です。その結果をメンバ変数である配列posに格納しています。

```
# rotate around X axis
self.pos[i][0] = mrot_x[0] * ppos \
     + mrot_x[1] * qpos + mrot_x[2] * rpos
self.pos[i][1] = mrot_x[3] * ppos \
     + mrot_x[4] * qpos + mrot_x[5] * rpos
self.pos[i][2] = mrot_x[6] * ppos \
     + mrot_x[7] * qpos + mrot_x[8] * rpos
```

頂点の座標がすべて更新された後で、すべてのSurfaceを更新するためsurface.update()を呼び出しています。

●Surface

面を表現するクラスです。Cubeクラスのコンストラクタで生成されます。4つの頂点の座標（v0，v1，v2，v3）と、立方体のタイプtag、面の番号を表すindex（上面を0）を引数として受け取ります。コンストラクタでは、これらのメンバをプロパティとして保存します。

```
class Surface():
    """ object for each surface """
    def __init__(self, v0, v1, v2, v3, tag, index):
```

```python
        self.vert = (v0, v1, v2, v3)
        self.tag = tag
        self.index = index
        self.norm = (0, 0, 0)
        self.zpos = 0


    def update(self):
        """ update the normal vector of the surface """
        self.norm = get_norm_vec(self.vert[0],
                                 self.vert[1],
                                 self.vert[2])
        self.zpos = (self.vert[0][2] + self.vert[1][2] + \
                     self.vert[2][2] + self.vert[3][2]) / 4
        if self.index == 0:
            self.zpos -= 1
```

　updateメソッドでは法線ベクトルとZ軸方向の重心を求めます。関数get_norm_vec()を使って3つの頂点(self.vert[0], self.vert[1], self.vert[2])から法線ベクトルを求め、normプロパティに保存します。このnormは描画時に明度を計算するときに使用します。

　zposは4つの頂点のz座標の平均です。描画時には奥の面から順に描画する必要がありますが、そのためには面を奥行き順に並べ替える必要があります。zposはその並べ替えを行うときに使用します。どのように並べ替えを行うかは描画する箇所をご覧ください。面の番号が0のとき、すなわち上面はzposを少しだけ手前にずらしています。これは以下のような理由によるためです。立方体を前から見ると矢印で示される4つの面の奥行きは同じ値になります。同じ値ではどんな順序で描画されるかわかりません。仮に上面が先に描画されると不自然な結果となってしまいます。

第8章　〈3D編−2〉3Dゲームサンプル　281

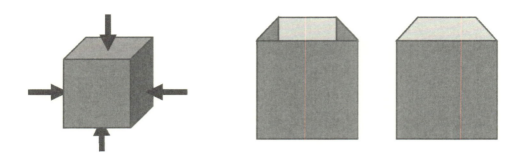

そこで、上面だけは少しだけ手前に移動させることで、確実に最後に描画するようにしました。

■主な関数

●def create_maze(width, height):

棒倒し法というシンプルなアルゴリズムを使って、迷路の2次元配列を生成する関数です。アルゴリズムは非常にシンプルです。迷路データは2次元配列として格納し、壁を1、通路を0としています。

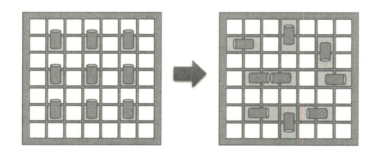

まず、以下のコードで2次元配列を0で初期化します。そのあとで縦、横の二重ループを開始します。

```
maze = [[0 for i in range(width)] for j in range(height)]
for zpos in range(0, height):
    for xpos in range(0, width):
```

上下左右の壁を1にします。xposが0かwidth-1のときは左右の壁です。zposが0かheight-1のときは上下の壁です。

```
            if xpos in (0, width-1) or zpos in (0, height-1):
                maze[zpos][xpos] = 1
```

通路の場所のときは何もせずにループの先頭に戻ります。

```
if zpos%2 == 1 or xpos%2 == 1:
    continue
```

そして以下のコードで1つおきに柱を立てて行きます。上左図の状態です。

```
if zpos > 1 and xpos > 1 and zpos < height-1 and xpos <
width-1:
    maze[zpos][xpos] = 1
```

あとは、最上段の柱（zpos == 2のとき）は上下左右4方向のどちらか、それ以外は下・左・右の3方向のどちらかに柱を倒します。柱を倒した場所は壁にします。外の柱が倒れているところには別の柱を倒さないようにすると、より複雑な迷路が生成できます。

```
direction = random.randint(0, 3 if zpos == 2 else
2)
(nextx, nextz) = (xpos, zpos)
if direction == 0:
    nextz += 1
elif direction == 1:
    nextx -= 1
elif direction == 2:
    nextx += 1
elif direction == 3:
    nextz -= 1
maze[nextz][nextx] = 1
```

●def normalize(vec):
引数のベクトルを正規化（長さを1）にする関数です。

```
def normalize(vec):
    scale = 1 / sqrt(vec[0]**2 + vec[1]**2 + vec[2]**2)
    return (vec[0]*scale, vec[1]*scale, vec[2]*scale)
```

ベクトル成分の2乗和を求め、その平方根で長さを求めます。その逆数をscaleとしています。scaleをもとの成分に掛け合わせることで長さ1のベクトルを返しています。

●def get_norm_vec(pos1, pos2, pos3):
3つの頂点を引数で受け取り、その面の法線ベクトルを返します。

第8章 〈3D編−2〉3Dゲームサンプル　283

```python
def get_norm_vec(pos1, pos2, pos3):
    """ get the normal vector from 3 vertices """
    pvec = (pos1[0] - pos2[0], pos1[1] - pos2[1], pos1[2] -
pos2[2])
    qvec = (pos1[0] - pos3[0], pos1[1] - pos3[1], pos1[2] -
pos3[2])
    norm = (pvec[1]*qvec[2] - pvec[2]*qvec[1],
            pvec[2]*qvec[0] - pvec[0]*qvec[2],
            pvec[0]*qvec[1] - pvec[1]*qvec[0])
    return normalize(norm)
```

　法線を求める計算式は外積の計算に他なりません。詳しくは 7-2-4「簡易VRMLビューワ」の法線ベクトルの説明をご覧ください。

●def main():

　メインルーチンです。for 文の二重ループを使って、迷路の座標値、MAZE[zpos][xpos] を調べます。その値が 1 のときは、1 辺が 50（中心からの差分が 25）の立方体を 4 つ並べて配置します、0 のときは、通路の中央に 1 辺が 20 の立方体を 1 つ配置します。壁と緑色のアイテムを区別するために Cube の最後の引数を使っています。

```python
def main():
    """ main routine """
    for zpos in range(0, H):
        for xpos in range(0, W):
            if MAZE[zpos][xpos] == 1:
                CUBES.append(Cube(xpos*100-25, 0, zpos*100-25,
                                  25, 25, 25, "wall"))
                CUBES.append(Cube(xpos*100+25, 0, zpos*100-25,
                                  25, 25, 25, "wall"))
                CUBES.append(Cube(xpos*100-25, 0, zpos*100+25,
                                  25, 25, 25, "wall"))
                CUBES.append(Cube(xpos*100+25, 0, zpos*100+25,
                                  25, 25, 25, "wall"))
            else:
                CUBES.append(Cube(xpos*100, 0, zpos*100,
                                  10, 10, 10, "dot"))
```

```
    while True:
        tick()
        paint()
        FPSCLOCK.tick(FPS)
```

そのあとでメインループに突入します。tick()、paint()と繰り返し実行します。

●def eventloop():

キー入力などのイベントを処理する関数です。広域変数COUNTER、JUMPSPEED、CUBESを変更する可能性があるので、globalで宣言しています。

```
def eventloop():
    """ handle events in eventloop """
    global COUNTER, JUMPSPEED, CUBES
    (diffx, diffz) = (0, 0)
    for event in pygame.event.get():
        if event.type == QUIT:
            pygame.quit()
            sys.exit()
        elif event.type == KEYDOWN:
            if event.key == K_LEFT:
                TURN[1] = TURN[0] + 1
            elif event.key == K_RIGHT:
                TURN[1] = TURN[0] - 1
            elif event.key == K_UP:
                diffx = round(cos(TURN[0]*pi/2))
                diffz = round(sin(TURN[0]*pi/2))
            elif event.key == K_DOWN:
                diffx = -round(cos(TURN[0]*pi/2))
                diffz = -round(sin(TURN[0]*pi/2))
            elif event.key == K_SPACE and JUMPSPEED == 0:
                JUMPSPEED = 150

        if COUNTER != 0:
```

第8章 〈3D編-2〉3Dゲームサンプル | 285

```
        continue

    if not (diffx == 0 and diffz == 0) and \
        (MAZE[ZPOS[0] + diffz][XPOS[0] + diffx] == 0):
        CUBES = [c for c in CUBES if not \
            (c.xpos/100 == XPOS[0]+diffx and \
            c.zpos/100 == ZPOS[0]+diffz)]
        CUBES = [c for c in CUBES if not \
            (c.xpos/100 == XPOS[0]+diffx*2 and \
            c.zpos/100 == ZPOS[0]+diffz*2)]
        (XPOS[1], ZPOS[1]) = (XPOS[0] + diffx*2,
                                ZPOS[0] + diffz*2)

    if TURN[1] != TURN[0] or XPOS[1] != XPOS[0] or \
        ZPOS[1] != ZPOS[0]:
        COUNTER = 1
```

　イベントの種類がQUITのときはプログラムを終了します。イベントの種類がKEYDOWNのと
きはキーの種類に応じて処理を行います。

　TURN[0]は現在の向き、TURN[1]は次の向きです。左右キーのときはTURN[0]の値に応じ
てTURN[1]の値を設定します。

　上下キーのときは前後に移動しますが、現在の向きによって移動する方向が異なります。そ
の計算をしているのが以下の箇所です。

```
        elif event.key == K_UP:
            diffx = round(cos(TURN[0]*pi/2))
            diffz = round(sin(TURN[0]*pi/2))
        elif event.key == K_DOWN:
            diffx = -round(cos(TURN[0]*pi/2))
            diffz = -round(sin(TURN[0]*pi/2))
```

　TURNの向きは右側（X軸方向）が0です。よって前に移動するときは、X軸方向の移動が
cos、Z軸方向の移動がsinとなります。後ろへ移動するときは符号が逆になります。

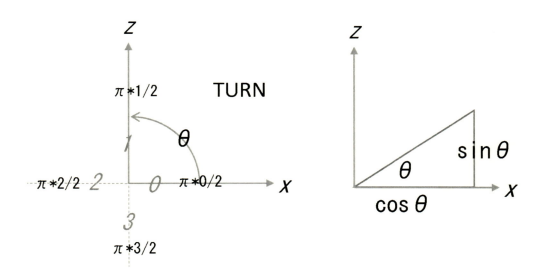

　壁があって移動できない可能性もあるため、このタイミングでは移動量(diffx, diffz)を求めるだけです。
　スペースキーが押下されたときは、JUMPSPEEDに150を代入してジャンプを開始します。COUNTERは移動中や回転中の進み具合を示すカウンタ値です。COUNTERが0でないときは、回転中や移動中なので、何もせずにイベントの取得に戻ります。
　実際の移動処理を行う前に、本当に移動できるかを確認しなくてはなりません。次のif文は移動可能かどうかを判定しています。

```
if not (diffx == 0 and diffz == 0) and (MAZE[ZPOS[0] +
diffz][XPOS[0] + diffx] == 0):
```

　移動量(diffx, diffz)が0でない、かつ、(MAZE[ZPOS[0] + diffz][XPOS[0] + diffx] == 0)が真のとき、すなわち、移動先が通路のときに移動します。今回の迷路では棒倒し法を使いました。左折か右折が変更できるのは大きい丸のところだけ、すなわち1マスおきとなります。

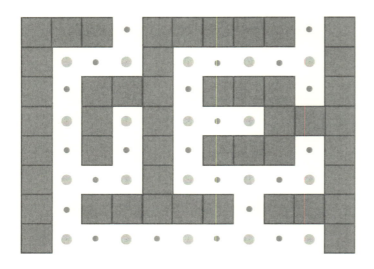

最初に実装したときは上下キーで1マス移動させていたのですが、2マス移動した方が自然な感じでプレイできたので、キーを1回押下するたびに2マス移動させるようにしました。

CUBESは壁やアイテムといったすべての立方体を格納する配列です。道に緑色のブロックが置かれていて、その上を通過する場合、そのブロックを配列から削除します。

```
CUBES = [c for c in CUBES if not \
    (c.xpos/100 == XPOS[0]+diffx and \
    c.zpos/100 == ZPOS[0]+diffz)]
CUBES = [c for c in CUBES if not \
    (c.xpos/100 == XPOS[0]+diffx*2 and \
    c.zpos/100 == ZPOS[0]+diffz*2)]
```

・1マス移動した座標が（XPOS[0]+diffx, ZPOS[0]+diffz）
・2マス移動した座標が（XPOS[0]+diffx*2, ZPOS[0]+diffz*2）

となります。"通過したブロックを取り除く"と考えるのではなく、"通過した場所以外のブロックを残す"と考えてください。

c.xposとc.zposを100で割ると迷路での座標を求められます。この値が一致しないのは"壁"か"通過していないブロック"です。これらをCUBESに格納しています。

以下のif文が真のときは移動もしくは回転が行われることを意味します。よって、COUNTERを1に設定しています。

```
        if TURN[1] != TURN[0] or XPOS[1] != XPOS[0] or ZPOS[1] != ZPOS[0]:
            COUNTER = 1
```

●def tick():

メインループから定期的に呼び出されます。広域変数COUNTER、CAMERAY、JUMPSPEEDを変更するので最初にglobal宣言しています。まずeventloop()でキーイベントを処理します。

自分の移動とカメラの回転をスムーズに表現するには、tick()が呼ばれるたびに徐々に値を変化させる必要があります。今回の実装ではスムーズな変化を実現するために、カウンタ変数COUNTERを導入し、10回tick()が呼ばれる間に、x軸方向の移動、z軸方向の移動、左右の回転を変化するようにしました。

最初にカメラの回転角を設定します。先述したように回転角camera_rot_yは自分の向き(TURN[0] * pi / 2)から(pi / 2)を引いた値になります。またカメラの座標(camera_x, camera_z)を、迷路座標(XPOS[0], ZPOS[0])の100倍に設定します。

```python
def tick():
    """ called periodically from the main loop """
    global COUNTER, CAMERAY, JUMPSPEED
    eventloop()

    camera_rot_y = TURN[0] * pi / 2 - pi / 2
    (camera_x, camera_z) = (XPOS[0] * 100, ZPOS[0] * 100)
    if COUNTER > 0:
        camera_rot_y += ((TURN[1] - TURN[0]) * COUNTER / 10) \
            * (pi / 2)
        camera_x += ((XPOS[1] - XPOS[0]) * COUNTER / 10) * 100
        camera_z += ((ZPOS[1] - ZPOS[0]) * COUNTER / 10) * 100
        COUNTER += 1
        if COUNTER >= 10:
            TURN[0] = TURN[1] = (TURN[1] + 4) % 4
            (XPOS[0], ZPOS[0]) = (XPOS[1], ZPOS[1])
            COUNTER = 0

    JUMPSPEED -= 4
    CAMERAY += JUMPSPEED
    if CAMERAY < 50:
        JUMPSPEED = 0
        CAMERAY = 50
```

第8章 〈3D編−2〉3Dゲームサンプル 289

```
        (cval, sval) = (cos(camera_rot_y), sin(camera_rot_y))
        mrot_y = [cval, 0, sval, 0, 1, 0, -sval, 0, cval]
        mrot_x = [1, 0, 0, 0, 1, 0, 0, 0, 1]
        if CAMERAY != 50:
            camera_rot_x = min(90, (CAMERAY - 50) / 20) * pi / 180
            (cval, sval) = (cos(-camera_rot_x), sin(-camera_rot_x))
            mrot_x = [1, 0, 0, 0, cval, -sval, 0, sval, cval]
        for cube in CUBES:
            cube.set_camera(camera_x, CAMERAY, camera_z,
                            mrot_x, mrot_y)
```

　x軸方向の移動に関して見てみましょう。移動前の値がXPOS[0]、移動先の値がXPOS[1]です。つまり、変化する量は(XPOS[1] - XPOS[0])です。10回かけて変化するので、1回分の変化量は(XPOS[1] - XPOS[0]) / 10となります。COUNTERは変化が始まってからの回数をカウントする変数です。counterが2のときは(XPOS[1] - XPOS[0]) / 10 * 2に、6のときは(XPOS[1] - XPOS[0]) / 10 * 6となります。

　この処理を整理すると以下のようになります。Y軸方向の移動と回転も同じです。

```
camera_x += ((XPOS[1] - XPOS[0]) * COUNTER / 10) * 100
```

　counterが10以上になると、すなわち(COUNTER >= 10)が真になったときに、(XPOS[1], ZPOS[1])を(XPOS[0], ZPOS[0])に代入します。方向TURNに関しては、-1になったり、4になったりすることがあるため、4を加えて、4で割った余りを求めることで、0〜3の範囲に収まるようにしています。
　その後、ジャンプ速度JUMPSPEEDを4減らして、カメラのY座標に加算しています。

```
        JUMPSPEED -= 4
        CAMERAY += JUMPSPEED
        if CAMERAY < 50:
```

```
        JUMPSPEED = 0
        CAMERAY = 50
```

　この処理により加速度が加わりながら落下する様子を表現しています。もちろん常にジャンプしているわけではありません。よって、カメラのY座標が50より小さくなったときにはジャンプ加速度を0にして、カメラのY座標に50を代入しています。

　以下のコードで回転を行っています。まずカメラのY軸方向の回転角からsin/cosの値を計算し、変数cvalとsvalに格納しておきます。その値をもとにY軸方向の回転行列mrot_yを作成します。

```
    (cval, sval) = (cos(camera_rot_y), sin(camera_rot_y))
    mrot_y = [cval, 0, sval, 0, 1, 0, -sval, 0, cval]
    mrot_x = [1, 0, 0, 0, 1, 0, 0, 0, 1]
    if CAMERAY != 50:
        camera_rot_x = min(90, (CAMERAY - 50) / 20) * pi / 180
        (cval, sval) = (cos(-camera_rot_x), sin(-camera_rot_x))
        mrot_x = [1, 0, 0, 0, cval, -sval, 0, sval, cval]
    for cube in CUBES:
        cube.set_camera(camera_x, CAMERAY, camera_z,
                        mrot_x, mrot_y)
```

　平常時はX軸方向への回転は不要です。よって、mrot_xは単位行列として初期化しておきます。ジャンプして浮揚している状態、すなわち (CAMERAY != 50) が真のときは、高度に応じてX軸方向に回転を行います。回転角の計算は以下の通りです。

```
camera_rot_x = min(90, (CAMERAY - 50) / 20) * pi / 180
```

　CAMERAYから初期高度の50を引いて、その値を20で割っています。その値と90度のうち小さいほうの値を取り出して、pi / 180を掛けることでラジアンに変換しています。この式は、実際にプレイをしてみていろいろ調整した結果です。特別な根拠はありません。この行を修正することで、ジャンプしたときの見下ろす感じが変わってきます。いろいろな式を試してみてください。camera_rot_xを求められたらその値をもとにX軸方向の回転ベクトルを求めます。

　ここまでの処理でカメラのX,Y,Z座標値、XとYの回転行列が求まりました。これらを引数として、すべてのCubeオブジェクトのset_cameraメソッドを呼び出します。これですべての立方体が移動・回転することになります。

　最後にpaint()を呼び出して再描画を行います。

●def paint():

画面を描画します。まず、背景を黒で塗りつぶします。立方体を描画する場合、奥にある立方体の面から順番に塗りつぶす必要があります。よって、すべてのCubeについてsurfacesプロパティから面を取得し、配列surfacesに格納します。すべての面が取得できたら、sorted関数を使い、面の奥行き値zposを使って、遠い順に並べ替えます。

```python
def paint():
    """ update the surface """
    # Paint polygons
    SURFACE.fill((0, 0, 0))
    surfaces = []
    for cube in CUBES:
        surfaces.extend(cube.surfaces)
    surfaces = sorted(surfaces, key=lambda x: x.zpos, reverse=True)
```

面を描画するのが以下の個所です。すべての面を順番に取り出し、面の法線単位ベクトルsurf.normと光源ベクトルLIGHTの内積dotを計算します。この値は-1から1の範囲となるので、1を加えて2で割ることで、0～1の範囲になるよう変換しています。あとは、この値を使って面を描画するときの色を計算しています。面のtagに応じて元の値のRGB値を変更しています。

```python
    for surf in surfaces:
        dot = surf.norm[0]*LIGHT[0] + surf.norm[1]*LIGHT[1] \
            + surf.norm[2]*LIGHT[2]
        ratio = (dot + 1) / 2
        (rval, gval, bval) = (0, 255, 128) \
            if surf.tag == "dot" else (255, 255, 255)
        (rval, gval, bval) = (floor(rval*ratio),
                              floor(gval*ratio), floor(bval*ratio))

        pts = []
        for i in range(4):
            (xpos, ypos, zpos) = (surf.vert[i][0],
                                  surf.vert[i][1], surf.vert[i][2])
            if zpos <= 10:
                continue
```

292 　第8章 〈3D編 − 2〉3Dゲームサンプル

```
        xpos = int(xpos * 1000 / zpos + 300)
        ypos = int(-ypos * 1000 / zpos + 300)
        pts.append((xpos, ypos))

    if len(pts) > 3:
        pygame.draw.polygon(SURFACE, (rval, gval, bval), pts)


pygame.display.update()
```

　それぞれの面の座標(surf.vert[i][0], surf.vert[i][1], surf.vert[i][2])を取得し、(xpos, ypos, zpos)として変数に格納します。zposが小さい値の場合、すなわち(zpos <= 10)が真のとき、描画対象となる座標は視点に近すぎるので何もしません。あとは、xとyの値を適宜計算して、パスを描画してゆきます。y軸の向きを上下逆にするため、-1を乗じていることに注意してください。for文を抜けた段階で3つ以上の座標が格納されていた場合、pygame.draw.polygonで面を塗りつぶします。

　3D迷路の説明は以上です。3Dの迷路を自動生成し、アイテムを配置したり、回転したり、ジャンプしたり、といった機能を270行程度で実装できました。ただ、ゲームの要素はまったく実装できていません。制限時間を設ける、敵を配置する、ワープトンネルを作る、などいろいろ工夫ができると思います。ぜひ自分だけの3D迷路ゲームに作り替えてください。

第8章　〈3D編−2〉3Dゲームサンプル　｜　293

8-3　3D Tilt

8-3-1　ゲーム概要

　簡易物理エンジンtiny_2Dと3D描画を組み合わせてボールを転がすゲームをつくってみました。上下左右キーで盤を傾けてボールを移動します。

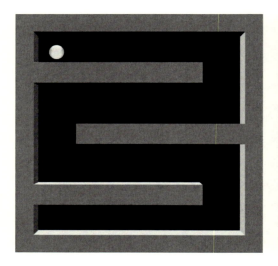 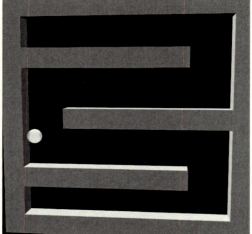

　3Dのゲームなので本来は3Dの物理エンジンを使うべきなのですが、今回は2Dの簡易エンジンで代用しました。さらに、ボールも3Dモデルの球として描画したかったのですが、コードをシンプルにするため2Dの画像で描画しました。壁との衝突が不自然だったりしますが、リアリティにこだわらなければそれなりの仕上がりになったと思います。

8-3-2　ソースコード解説

●ファイル：3D_tilt.py

```
""" 3D Tilt - Copyright 2016 Kenichiro Tanaka """
import sys
from math import sin, cos, floor, sqrt, hypot
import pygame
from pygame.locals import QUIT, KEYDOWN, \
```

```python
    K_LEFT, K_RIGHT, K_UP, K_DOWN
from tiny_2D import Engine, RectangleEntity, CircleEntity


def normalize(vec):
    """ normalize the vector (make the length 1) """
    scale = 1 / sqrt(vec[0]**2 + vec[1]**2 + vec[2]**2)
    return (vec[0]*scale, vec[1]*scale, vec[2]*scale)


def get_norm_vec(pos1, pos2, pos3):
    """ get the normal vector from 3 vertices """
    pvec = (pos1[0] - pos2[0], pos1[1] - pos2[1], pos1[2] -
pos2[2])
    qvec = (pos1[0] - pos3[0], pos1[1] - pos3[1], pos1[2] -
pos3[2])
    norm = (pvec[1]*qvec[2] - pvec[2]*qvec[1],
            pvec[2]*qvec[0] - pvec[0]*qvec[2],
            pvec[0]*qvec[1] - pvec[1]*qvec[0])
    return normalize(norm)


class Surface():
    """ object for each surface """
    def __init__(self, v0, v1, v2, v3, near):
        self.vert = (v0, v1, v2, v3)
        self.norm = (0, 0, 0)
        self.near = near
        self.zpos = 0

    def update(self):
        """ update the normal vector of the surface """
        self.norm = get_norm_vec(self.vert[0],
                            self.vert[1], self.vert[2])
        zpos = (self.vert[0][2] + self.vert[1][2] + \
                    self.vert[2][2] + self.vert[3][2]) / 4
        xpos = (self.vert[0][0] + self.vert[1][0] + \
```

第 8 章　〈3D 編 - 2〉3D ゲームサンプル　295

```python
                self.vert[2][0] + self.vert[3][0]) / 4
        ypos = (self.vert[0][1] + self.vert[1][1] + \
                self.vert[2][1] + self.vert[3][1]) / 4
        self.zpos = zpos + hypot(xpos, ypos)
        if self.near:
            self.zpos -= 100


class Cube():
    """ 3D Cube model """
    polygons = (
        (2, 1, 5, 6), (0, 1, 2, 3), (4, 5, 1, 0),
        (2, 6, 7, 3), (7, 6, 5, 4), (0, 3, 7, 4)
    )


    def __init__(self, x, y, z, w, h, d, near):
        self.xpos = x
        self.zpos = z
        self.pos = []
        self.surfaces = []
        self.vertices = (
            (x - w, y - h, z + d),
            (x - w, y + h, z + d),
            (x + w, y + h, z + d),
            (x + w, y - h, z + d),
            (x - w, y - h, z - d),
            (x - w, y + h, z - d),
            (x + w, y + h, z - d),
            (x + w, y - h, z - d),
        )

        for vert in self.vertices:
            self.pos.append([vert[0], vert[1], vert[2]])

        for i in range(6):
```

```python
        indices = self.polygons[i]
        pos0 = self.pos[indices[0]]
        pos1 = self.pos[indices[1]]
        pos2 = self.pos[indices[2]]
        pos3 = self.pos[indices[3]]
        self.surfaces.append(Surface(pos0, pos1,
                                pos2, pos3, near))

def set_camera(self, camera_x, camera_y, camera_z,
            mrot_x, mrot_y):
    """ set camera location and update vertices positions """
    for i in range(len(self.vertices)):
        vert = self.vertices[i]
        xpos = vert[0] - camera_x
        ypos = vert[1] - camera_y
        zpos = vert[2]

        # rotate around Y axis
        ppos = mrot_y[0] * xpos + mrot_y[1] * ypos \
            + mrot_y[2] * zpos
        qpos = mrot_y[3] * xpos + mrot_y[4] * ypos \
            + mrot_y[5] * zpos
        rpos = mrot_y[6] * xpos + mrot_y[7] * ypos \
            + mrot_y[8] * zpos

        # rotate around X axis
        self.pos[i][0] = mrot_x[0] * ppos + mrot_x[1] * qpos \
            + mrot_x[2] * rpos
        self.pos[i][1] = mrot_x[3] * ppos + mrot_x[4] * qpos \
            + mrot_x[5] * rpos
        self.pos[i][2] = mrot_x[6] * ppos + mrot_x[7] * qpos \
            + mrot_x[8] * rpos - camera_z

    for surface in self.surfaces:
```

```python
        surface.update()

def eventloop():
    """ handle events in eventloop """
    for event in pygame.event.get():
        if event.type == QUIT:
            pygame.quit()
            sys.exit()
        elif event.type == KEYDOWN:
            if event.key == K_LEFT:
                CAMERA_THETA[1] -= 0.01
            elif event.key == K_RIGHT:
                CAMERA_THETA[1] += 0.01
            elif event.key == K_UP:
                CAMERA_THETA[0] += 0.01
            elif event.key == K_DOWN:
                CAMERA_THETA[0] -= 0.01
        CAMERA_THETA[0] = max(-0.1, min(0.1, CAMERA_THETA[0]))
        CAMERA_THETA[1] = max(-0.1, min(0.1, CAMERA_THETA[1]))

def tick():
    """ called periodically from the main loop """
    eventloop()

    cval, sval = cos(CAMERA_THETA[1]), sin(CAMERA_THETA[1])
    mrot_y = [cval, 0, sval, 0, 1, 0, -sval, 0, cval]
    cval, sval = cos(-CAMERA_THETA[0]), sin(-CAMERA_THETA[0])
    mrot_x = [1, 0, 0, 0, cval, -sval, 0, sval, cval]

    ENGINE.set_gravity(-CAMERA_THETA[1] * 20, CAMERA_THETA[0] * 20)
    ENGINE.step(0.01)

    for cube in CUBES:
        cube.set_camera(300, 300, -1000, mrot_x, mrot_y)
```

298 | 第8章 〈3D編 − 2〉3D ゲームサンプル

```python
def paint():
    """ update the surface """
    SURFACE.fill((0, 0, 0))

    surfaces = []
    for cube in CUBES:
        surfaces.extend(cube.surfaces)
    surfaces = sorted(surfaces, key=lambda x: x.zpos, reverse=True)

    for surf in surfaces:
        dot = surf.norm[0]*LIGHT[0] + surf.norm[1]*LIGHT[1] \
            + surf.norm[2]*LIGHT[2]
        ratio = (dot + 1) / 2
        (rval, gval, bval) = (floor(255*ratio),
                              floor(255*ratio), floor(255*ratio))

        pts = []
        for i in range(4):
            (xpos, ypos, zpos) = (surf.vert[i][0],
                                  surf.vert[i][1], surf.vert[i][2])
            if zpos <= 10:
                continue
            xpos = int(xpos * 1000 / zpos + 300)
            ypos = int(-ypos * 1000 / zpos + 300)
            pts.append((xpos, ypos))

        if len(pts) > 3:
            pygame.draw.polygon(SURFACE, (rval, gval, bval), pts)

    SURFACE.blit(BALL_IMAGE, (BALL.xpos - 30, BALL.ypos - 30))
    pygame.display.update()

def main():
```

第 8 章　〈3D 編 − 2〉3D ゲームサンプル　　299

```python
    """ main routine """
    cubedata = [
        {"x":25, "y":300, "w":25, "h":300, "near":0},
        {"x":575, "y":300, "w":25, "h":300, "near":0},
        {"x":300, "y":25, "w":250, "h":25, "near":1},
        {"x":300, "y":575, "w":250, "h":25, "near":1},
        {"x":250, "y":150, "w":200, "h":25, "near":1},
        {"x":350, "y":300, "w":200, "h":25, "near":1},
        {"x":250, "y":450, "w":200, "h":25, "near":1},
    ]

    for cube in cubedata:
        xpos, ypos, width, height = \
            cube["x"], cube["y"], cube["w"], cube["h"]
        CUBES.append(Cube(xpos, ypos, 0, width, height,
                          25, cube["near"]))
        cube_object = RectangleEntity(xpos-width,
                                      ypos-height, width*2, height*2)
        ENGINE.entities.append(cube_object)

    ENGINE.entities.append(BALL)

    while True:
        tick()
        paint()
        FPSCLOCK.tick(30)

pygame.init()
pygame.key.set_repeat(5, 5)
SURFACE = pygame.display.set_mode([600, 600])
FPSCLOCK = pygame.time.Clock()
ENGINE = Engine(0, 0, 600, 600, 0, 0)
BALL = CircleEntity(100, 100, 30, False, 0.2)
CUBES = []
```

```
CAMERA_THETA = [0, 0]
LIGHT = normalize([0.5, -0.8, -0.2])
BALL_IMAGE = pygame.image.load("ball.png")
BALL_IMAGE = pygame.transform.scale(BALL_IMAGE, (60, 60))

if __name__ == '__main__':
    main()
```

■座標系

いつものように座標系を確認しましょう。

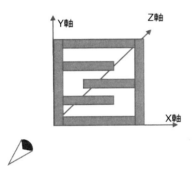

マップはX-Y平面上に描画しました。X軸は右方向が正、Y軸は上方向が正です。Z軸は画面奥が正となります。今回の迷路は以下のように矩形を配置して作成しました。

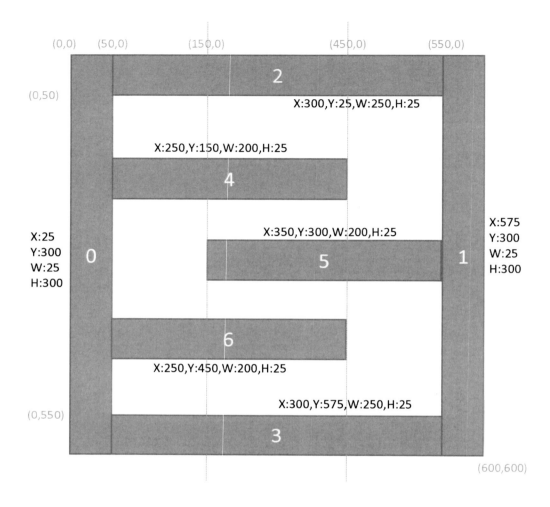

3D迷路や3DTankは自分の視点を中心にモデルを回転していますが、このゲームでは盤の中心を原点としてX軸方向、Y軸方向に回転しています。

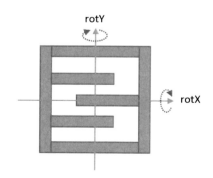

■主なグローバル変数

使用している主なグローバル変数は以下の通りです。

ENGINE	物理エンジン
CUBES= []	立方体を格納する配列
BALL	2Dエンジン用のボールオブジェクト
BALL_IMAGE	描画用のボール画像
LIGHT	光源の単位ベクトル
CAMERA_THETA	X軸方向の回転角、Y軸方向の回転角

これらの変数を初期化しているのが以下の箇所です。

```
ENGINE = Engine(0, 0, 600, 600, 0, 0)
BALL = CircleEntity(100, 100, 30, False, 0.2)
CUBES = []
CAMERA_THETA = [0, 0]
LIGHT = normalize([0.5, -0.8, -0.2])
BALL_IMAGE = pygame.image.load("ball.png")
BALL_IMAGE = pygame.transform.scale(BALL_IMAGE, (60, 60))
```

「ENGINE = Engine(0, 0, 600, 600, 0, 0)」で簡易物理エンジンを作成しています。左上が(0,0)で高さと幅が(600,600)、すなわち600×600の領域を作成しています。初期状態では重力は(0,0)としています。

BALLは物理エンジンの世界に登録するボールです。半径30のサイズで座標(100,100)に配置しています。BALL_IMAGEはボールの画像です。いったん、pygame.image.loadでロードし、pygame.transform.scaleで60×60にリサイズしています。

■主なクラス

関数やメソッドの中には3D迷路のものと重複するものも少なくありません。異なる点を中心に説明してゆきます。

● Surface

Surfaceは立方体の各面を表すオブジェクトで、__init__はコンストラクタです。後述するCubeのコンストラクタから呼び出されます。vertは頂点の座標を格納する配列、normは法線ベクトル、nearは立方体を手前に描画すべきか否かを保持する値、zposは奥行き方向の重心です。

第8章　〈3D編 - 2〉3Dゲームサンプル　303

```python
class Surface():
    """ object for each surface """
    def __init__(self, v0, v1, v2, v3, near):
        self.vert = (v0, v1, v2, v3)
        self.norm = (0, 0, 0)
        self.near = near
        self.zpos = 0


    def update(self):
        """ update the normal vector of the surface """
        self.norm = get_norm_vec(self.vert[0],
                            self.vert[1], self.vert[2])
        zpos = (self.vert[0][2] + self.vert[1][2] + \
                    self.vert[2][2] + self.vert[3][2]) / 4
        xpos = (self.vert[0][0] + self.vert[1][0] + \
                    self.vert[2][0] + self.vert[3][0]) / 4
        ypos = (self.vert[0][1] + self.vert[1][1] + \
                    self.vert[2][1] + self.vert[3][1]) / 4
        self.zpos = zpos + hypot(xpos, ypos)
        if self.near:
            self.zpos -= 100
```

　updateメソッドでは法線ベクトルとZ軸方向の重心を求めます。関数get_norm_vec()を使って3つの頂点(self.vert[0], self.vert[1], self.vert[2])から法線単位ベクトルを求め、normプロパティに保存します。このnormは描画時に明度を計算するときに使用します。

　zposは描画時の並べ替えで使用します。ただ、Z軸方向の重心は少し工夫をしています。上面(1)と側面(2)が視点から同じ距離にあった場合、どちらが先に描画されるか不定になる可能性があります。下左図のように、側面→上面→前面と描画されれば問題ありませんが、上面→側面→前面の順に描画すると、下右図のようにおかしな描画になってしまいます。

304 　第8章　〈3D編−2〉3Dゲームサンプル

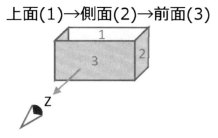

今回視点は盤の中央にあります。同じZ座標の値であれば、中心から遠い方を先に塗ればよさそうです。そこで、単なるZ座標の値だけでなく。そこで、X軸方向の重心xpos、Y軸方向の重心yposも計算し、zposの値にxposとyposの距離を加えることにしました。

```
self.zpos = zpos + hypot(xpos, ypos)
```

ただ、これだけでは盤が傾いたときに不自然な描画になることがありました。

左右のブロックだけは先に描画しておいたほうがよさそうです。そこで、その情報をプロパティnearで保持し、その値が真であるときはzposの値を100減じ、後から描画するようにしました。

ここまでの説明を踏まえると、ブロックの配列が以下のようになっていた理由が理解できると思います。

```
cubedata = [
    {"x":25,  "y":300, "w":25,  "h":300, "near":0},
    {"x":575, "y":300, "w":25,  "h":300, "near":0},
    {"x":300, "y":25,  "w":250, "h":25,  "near":1},
    {"x":300, "y":575, "w":250, "h":25,  "near":1},
    {"x":250, "y":150, "w":200, "h":25,  "near":1},
    {"x":350, "y":300, "w":200, "h":25,  "near":1},
    {"x":250, "y":450, "w":200, "h":25,  "near":1},
]
```

xpos、yposは直方体の中心座標、widthは幅、heightは高さです。nearはその直方体を

前面にもってくるか否かです。

● Cube

__init__(self, x, y, z, w, h, d, near)はコンストラクタです。x, y, zは中心の座標、wは幅、hは高さ、dは奥行きです。nearはこの矩形を手前に描画するか否かです。

```python
class Cube():
    """ 3D Cube model """
    polygons = (
        (2, 1, 5, 6), (0, 1, 2, 3), (4, 5, 1, 0),
        (2, 6, 7, 3), (7, 6, 5, 4), (0, 3, 7, 4)
    )

    def __init__(self, x, y, z, w, h, d, near):
        self.xpos = x
        self.zpos = z
        self.pos = []
        self.surfaces = []
        self.vertices = (
            (x - w, y - h, z + d),
            (x - w, y + h, z + d),
            (x + w, y + h, z + d),
            (x + w, y - h, z + d),
            (x - w, y - h, z - d),
            (x - w, y + h, z - d),
            (x + w, y + h, z - d),
            (x + w, y - h, z - d),
        )

        for vert in self.vertices:
```

```
            self.pos.append([vert[0], vert[1], vert[2]])

        for i in range(6):
            indices = self.polygons[i]
            pos0 = self.pos[indices[0]]
            pos1 = self.pos[indices[1]]
            pos2 = self.pos[indices[2]]
            pos3 = self.pos[indices[3]]
            self.surfaces.append(Surface(pos0, pos1,
                                        pos2, pos3, near))
```

　polygonsは頂点を結ぶ順序を格納した配列です。どの矩形でも共通する内容なのでクラス変数にしています。コンストラクタではxとzをメンバ変数として格納しています。posは描画直前の座標を格納する配列で、カメラを設定するたびに値が更新されます。verticesは頂点の座標です。

　for文を使ってposに座標を追加する手順、surfacesにSurfaceオブジェクトを追加する手順に関しては3D迷路の解説をご覧ください。

　set_cameraメソッドは3D迷路のものと非常によく似ていますが、カメラの移動と回転行列を適用する順番が異なることに注意してください。3D迷路は自分が中心になって回転していました。一方、今回のゲームでは盤を中心として回転しています。

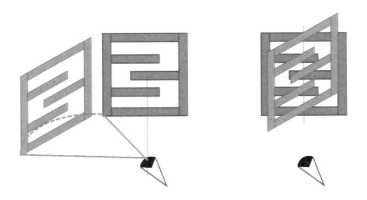

```
    def set_camera(self, camera_x, camera_y, camera_z, mrot_x,
mrot_y):
        """ set camera location and update vertices positions """
        for i in range(len(self.vertices)):
```

```
        vert = self.vertices[i]
        xpos = vert[0] - camera_x
        ypos = vert[1] - camera_y
        zpos = vert[2]


        # rotate around Y axis
        ppos = mrot_y[0] * xpos + mrot_y[1] * ypos \
            + mrot_y[2] * zpos
        qpos = mrot_y[3] * xpos + mrot_y[4] * ypos \
            + mrot_y[5] * zpos
        rpos = mrot_y[6] * xpos + mrot_y[7] * ypos \
            + mrot_y[8] * zpos


        # rotate around X axis
        self.pos[i][0] = mrot_x[0] * ppos + mrot_x[1] * qpos \
            + mrot_x[2] * rpos
        self.pos[i][1] = mrot_x[3] * ppos + mrot_x[4] * qpos \
            + mrot_x[5] * rpos
        self.pos[i][2] = mrot_x[6] * ppos + mrot_x[7] * qpos \
            + mrot_x[8] * rpos - camera_z


    for surface in self.surfaces:
        surface.update()
```

　3D迷路の場合、最初にカメラの位置に応じて対象を移動し、そのあとで回転行列を適用していました。今回は、回転軸は盤の中心です。よって、X軸とY軸に関してカメラを移動して原点を盤の中心に設定し、そのあとに回転行列を適用します。最後にZ軸方向の移動を行っています。

■主な関数

　normalize(vec)、get_norm_vec(pos1, pos2, pos3)は「3D迷路」と全く同じです。詳しくは8-2「3D迷路」の解説をご覧ください。

●def main():
　メインルーチンです。直方体のデータを配列cubedataで管理しています。for文を使って

308　　第8章 〈3D編 − 2〉3Dゲームサンプル

直方体を1つずつ取り出し、Cubeオブジェクトを作成し、配列CUBESに格納します。

```python
def main():
    """ main routine """
    cubedata = [
        {"x":25, "y":300, "w":25, "h":300, "near":0},
        {"x":575, "y":300, "w":25, "h":300, "near":0},
        {"x":300, "y":25, "w":250, "h":25, "near":1},
        {"x":300, "y":575, "w":250, "h":25, "near":1},
        {"x":250, "y":150, "w":200, "h":25, "near":1},
        {"x":350, "y":300, "w":200, "h":25, "near":1},
        {"x":250, "y":450, "w":200, "h":25, "near":1},
    ]


    for cube in cubedata:
        xpos, ypos, width, height = \
            cube["x"], cube["y"], cube["w"], cube["h"]
        CUBES.append(Cube(xpos, ypos, 0, width, height,
                        25, cube["near"]))
        cube_object = RectangleEntity(xpos-width,
                            ypos-height, width*2, height*2)
        ENGINE.entities.append(cube_object)

    ENGINE.entities.append(BALL)


    while True:
        tick()
        paint()
        FPSCLOCK.tick(30)
```

　今回は3Dオブジェクトを描画するだけではなく、物理エンジンも同時に初期化する必要があります。3Dの立方体と物理エンジンはそれぞれ独立しており、相互に関わりはありません。同じ大きさで重ねて描画することで、それっぽく見せています。

　以下のようにRectangleEntityオブジェクトを作成し、物理エンジンENGINEに登録します。

```
        cube_object = RectangleEntity(xpos-width,
                                ypos-height, width*2, height*2)
        ENGINE.entities.append(cube_object)
```

BALLは広域コードで以下のように初期化されています。これも物理エンジンに追加します。

```
BALL = CircleEntity(100, 100, 30, False, 0.2)
```

あとは、メインループに突入し、tick()、paint()と繰り返し実行します。

●def eventloop():

イベントがQUITのときはプログラムを終了します。イベントがKEYDOWNのときは、上下左右のキー押下に応じて、X軸方向の回転角CAMERA_THETA[0]と、Y軸方向の回転角CAMERA_THETA[1]の値を更新しています。あまり傾けると物理エンジンとのズレが目立つので回転角は-0.1から+0.1に制限しています。

```
def eventloop():
    """ handle events in eventloop """
    for event in pygame.event.get():
        if event.type == QUIT:
            pygame.quit()
            sys.exit()
        elif event.type == KEYDOWN:
            if event.key == K_LEFT:
                CAMERA_THETA[1] -= 0.01
            elif event.key == K_RIGHT:
                CAMERA_THETA[1] += 0.01
            elif event.key == K_UP:
                CAMERA_THETA[0] += 0.01
            elif event.key == K_DOWN:
                CAMERA_THETA[0] -= 0.01
        CAMERA_THETA[0] = max(-0.1, min(0.1, CAMERA_THETA[0]))
        CAMERA_THETA[1] = max(-0.1, min(0.1, CAMERA_THETA[1]))
```

●def tick():

カメラの回転角CAMERA_THETAから、Y軸回りの回転行列mrot_y、X軸回りの回転行列

mrot_xを求めています。そして、カメラの回転角を20倍した値を重力として、物理エンジンに適用しています。engine.step(0.01)は物理エンジンの世界の時計を進める命令です。

```python
def tick():
    """ called periodically from the main loop """
    eventloop()

    cval, sval = cos(CAMERA_THETA[1]), sin(CAMERA_THETA[1])
    mrot_y = [cval, 0, sval, 0, 1, 0, -sval, 0, cval]
    cval, sval = cos(-CAMERA_THETA[0]), sin(-CAMERA_THETA[0])
    mrot_x = [1, 0, 0, 0, cval, -sval, 0, sval, cval]

    ENGINE.set_gravity(-CAMERA_THETA[1] * 20, CAMERA_THETA[0] * 20)
    ENGINE.step(0.01)

    for cube in CUBES:
        cube.set_camera(300, 300, -1000, mrot_x, mrot_y)
```

　あとは、カメラの座標、Y軸方向、X軸方向の回転行列を引数として、すべてのCubeオブジェクトのset_cameraメソッドを呼び出します。これですべての立方体が移動・回転することになります。

●def paint():

画面を描画します。処理内容は3D迷路のときとほぼ同じです。

```python
def paint():
    """ update the surface """
    SURFACE.fill((0, 0, 0))

    surfaces = []
    for cube in CUBES:
        surfaces.extend(cube.surfaces)
    surfaces = sorted(surfaces, key=lambda x: x.zpos, reverse=True)

    for surf in surfaces:
        dot = surf.norm[0]*LIGHT[0] + surf.norm[1]*LIGHT[1] \
```

第8章　〈3D編 − 2〉3Dゲームサンプル　311

```
                    + surf.norm[2]*LIGHT[2]
        ratio = (dot + 1) / 2
        (rval, gval, bval) = (floor(255*ratio),
                               floor(255*ratio), floor(255*ratio))

        pts = []
        for i in range(4):
            (xpos, ypos, zpos) = (surf.vert[i][0], surf.vert[i][1],
surf.vert[i][2])
            if zpos <= 10:
                continue
            xpos = int(xpos * 1000 / zpos + 300)
            ypos = int(-ypos * 1000 / zpos + 300)
            pts.append((xpos, ypos))

        if len(pts) > 3:
            pygame.draw.polygon(SURFACE, (rval, gval, bval), pts)

    SURFACE.blit(BALL_IMAGE, (BALL.xpos - 30, BALL.ypos - 30))
    pygame.display.update()
```

　最後にボールを描画しています。ボールの座標はBALL変数のxpos，yposプロパティから取得します。この座標は円の中心なのに対し、blitのx,y指定は画像の左上であるため、引数で調整をしています。

　3D Tiltの説明は以上です。3Dの描画と2Dエンジンを組み合わせたサンプルとして実装してみました。ゲームのロジックは何も実装していないので、ゲームとしては体をなしていません。スタートとゴールを設定する、落とし穴を作る、時間制限を設ける、より複雑な形状にする、いろいろな応用が考えられると思います。ぜひより魅力的なゲームに作り替えてください。

8-4　3D Peg

8-4-1　ゲーム概要

　上からボールが落ちてきます。ピンにあたると色が変わります。上下左右キーで盤が傾きます。すべてのピンの色が変わればゲームクリアです。

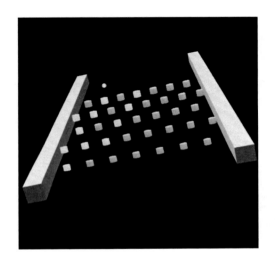 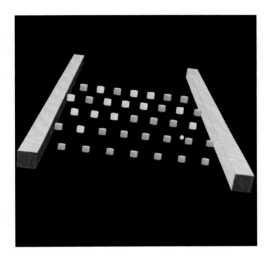

　このゲームも物理エンジンにtiny_2D.pyを使っています。ボールも円柱も2Dのイメージを使っていますが、それほど違和感はないと思います。

8-4-2　ソースコード解説

●ファイル：3D_peg.py

```
""" 3D Peg - Copyright 2016 Kenichiro Tanaka """
import sys
from math import sin, cos, floor, sqrt, degrees
from random import randint
import types
import pygame
from pygame.locals import QUIT, KEYDOWN,\
```

```python
        K_LEFT, K_RIGHT, K_UP, K_DOWN
from tiny_2D import Engine, RectangleEntity, CircleEntity


def normalize(vec):
    """ normalize the vector tuple (make the length to 1) """
    scale = 1 / sqrt(vec[0]**2 + vec[1]**2 + vec[2]**2)
    return (vec[0]*scale, vec[1]*scale, vec[2]*scale)


def get_norm_vec(pos1, pos2, pos3):
    """ get the normal vector from 3 vertices (tuples) """
    pvec = (pos1[0]-pos2[0], pos1[1]-pos2[1], pos1[2]-pos2[2])
    qvec = (pos1[0]-pos3[0], pos1[1]-pos3[1], pos1[2]-pos3[2])
    norm = (pvec[1]*qvec[2] - pvec[2]*qvec[1],
            pvec[2]*qvec[0] - pvec[0]*qvec[2],
            pvec[0]*qvec[1] - pvec[1]*qvec[0])
    return normalize(norm)


class Surface():
    """ object for each surface """
    def __init__(self, v0, v1, v2, v3):
        self.vert = (v0, v1, v2, v3)
        self.norm = (0, 0, 0)
        self.zpos = 0


    def update(self):
        """ update the normal vector of the surface """
        self.norm = get_norm_vec(self.vert[0],
                                 self.vert[1], self.vert[2])
        self.zpos = (self.vert[0][2] + self.vert[1][2] \
                    + self.vert[2][2] + self.vert[3][2]) / 4


class Cube():
    """ 3D Cube model """
    polygons = (
```

```python
        (2, 1, 5, 6), (0, 1, 2, 3), (4, 5, 1, 0),
        (2, 6, 7, 3), (7, 6, 5, 4), (0, 3, 7, 4)
    )

    def __init__(self, x, y, z, w, h, d, tag):
        self.xpos = x
        self.zpos = z
        self.pos = []
        self.tag = tag
        self.surfaces = []
        self.vertices = (
            (x - w, y - h, z + d),
            (x - w, y + h, z + d),
            (x + w, y + h, z + d),
            (x + w, y - h, z + d),
            (x - w, y - h, z - d),
            (x - w, y + h, z - d),
            (x + w, y + h, z - d),
            (x + w, y - h, z - d),
        )

        for vert in self.vertices:
            self.pos.append([vert[0], vert[1], vert[2]])

        for i in range(6):
            indices = self.polygons[i]
            pos0 = self.pos[indices[0]]
            pos1 = self.pos[indices[1]]
            pos2 = self.pos[indices[2]]
            pos3 = self.pos[indices[3]]
            self.surfaces.append(Surface(pos0, pos1, pos2, pos3))

    def set_camera(self, camera_x, camera_y, camera_z,
                   mrot_x, mrot_y):
```

```python
        """ set camera location and update vertices positions """
        for i in range(len(self.vertices)):
            vert = self.vertices[i]
            xpos = vert[0] - camera_x
            ypos = vert[1] - camera_y
            zpos = vert[2]

            # rotate around Y axis
            ppos = mrot_y[0] * xpos + mrot_y[1] * ypos \
                + mrot_y[2] * zpos
            qpos = mrot_y[3] * xpos + mrot_y[4] * ypos \
                + mrot_y[5] * zpos
            rpos = mrot_y[6] * xpos + mrot_y[7] * ypos \
                + mrot_y[8] * zpos

            # rotate around X axis
            self.pos[i][0] = mrot_x[0] * ppos + mrot_x[1] * qpos\
                + mrot_x[2] * rpos
            self.pos[i][1] = mrot_x[3] * ppos + mrot_x[4] * qpos\
                + mrot_x[5] * rpos
            self.pos[i][2] = mrot_x[6] * ppos + mrot_x[7] * qpos\
                + mrot_x[8] * rpos  - camera_z


        for surface in self.surfaces:
            surface.update()

def eventloop():
    """ handle events in eventloop """
    for event in pygame.event.get():
        if event.type == QUIT:
            pygame.quit()
            sys.exit()
        elif event.type == KEYDOWN:
            if event.key == K_LEFT:
```

```
                    CAMERA_THETA[1] -= 0.01
                elif event.key == K_RIGHT:
                    CAMERA_THETA[1] += 0.01
                elif event.key == K_UP:
                    CAMERA_THETA[0] += 0.01
                elif event.key == K_DOWN:
                    CAMERA_THETA[0] -= 0.01
            CAMERA_THETA[0] = max(1.0, min(1.3, CAMERA_THETA[0]))
            CAMERA_THETA[1] = max(-0.5, min(0.5, CAMERA_THETA[1]))


def tick():
    """ called periodically from the main loop """
    eventloop()

    cval, sval = cos(CAMERA_THETA[1]), sin(CAMERA_THETA[1])
    mrot_y = [cval, 0, sval, 0, 1, 0, -sval, 0, cval]
    cval, sval = cos(CAMERA_THETA[0]), sin(CAMERA_THETA[0])
    mrot_x = [1, 0, 0, 0, cval, -sval, 0, sval, cval]

    ENGINE.set_gravity(-CAMERA_THETA[1] * 20, -CAMERA_THETA[0] * 5)
    ENGINE.step(0.01)

    if BALL.ypos < 0 or BALL.ypos > 1200:
        BALL.xpos = randint(0, 300) + 100
        BALL.ypos = 1000

    IMAGES[0] = Cube(BALL.xpos, BALL.ypos, 0, 10, 10, 10, "ball")
    for cube in CUBES:
        cube.set_camera(300, 300, -1500, mrot_x, mrot_y)
    for pin in IMAGES:
        pin.set_camera(300, 300, -1500, mrot_x, mrot_y)


def paint():
    """ update the surface """
```

第 8 章 〈3D 編 − 2〉3D ゲームサンプル | 317

```python
    SURFACE.fill((0, 0, 0))

    # draw bars on both sides
    surfaces = []
    for cube in CUBES:
        surfaces.extend(cube.surfaces)
    surfaces = sorted(surfaces, key=lambda x: x.zpos, reverse=True)

    for surf in surfaces:
        dot = surf.norm[0]*LIGHT[0] + surf.norm[1]*LIGHT[1] \
            + surf.norm[2]*LIGHT[2]
        ratio = (dot + 1) / 2
        (rval, gval, bval) = (floor(255*ratio),
                              floor(255*ratio), floor(255*ratio))

        pts = []
        for i in range(4):
            (xpos, ypos, zpos) = (surf.vert[i][0],
                                  surf.vert[i][1], surf.vert[i][2])
            if zpos <= 10:
                continue
            xpos = int(xpos * 1200 / zpos + 300)
            ypos = int(-ypos * 1200 / zpos + 300)
            pts.append((xpos, ypos))

        if len(pts) > 3:
            pygame.draw.polygon(SURFACE, (rval, gval, bval), pts)

    # draw pins
    surfaces = []
    for pin in IMAGES:
        surf = pin.surfaces[1]
        surf.tag = pin.tag
        surfaces.append(surf)
```

```python
        surfaces = sorted(surfaces, key=lambda x: x.zpos, reverse=True)

    for surf in surfaces:
        (xpos, ypos, zpos) = (surf.vert[0][0],
                            surf.vert[0][1], surf.vert[0][2])
        if zpos < 10:
            continue
        xpos = int(xpos * 1200 / zpos + 300)
        ypos = int(-ypos * 1200 / zpos + 300)
        scale = (4000-zpos)/20000
        if surf.tag == "ball":
            draw_rotate_center(PNGS[2], xpos, ypos, 0, scale)
        elif surf.tag == "pin0":
            draw_rotate_center(PNGS[0], xpos, ypos,
                            degrees(CAMERA_THETA[1]), scale)
        elif surf.tag == "pin1":
            draw_rotate_center(PNGS[1], xpos, ypos,
                            degrees(CAMERA_THETA[1]), scale)

    pygame.display.update()


def draw_rotate_center(image, xpos, ypos, theta, zoom):
    """ rotate image """
    rotate_sprite = pygame.transform.rotozoom(image, theta, zoom)
    rect = rotate_sprite.get_rect()
    SURFACE.blit(rotate_sprite, (xpos-(rect.width/2),
                ypos-(rect.height/2)))


def onhit(self, peer):
    """ callback function when a pin is hit by the ball """
    self.pin.tag = "pin1"


def main():
    """ main routine """
```

```python
    cubedata = [
        {"xpos": 25, "ypos": 600, "width": 25, "height": 600},
        {"xpos": 575, "ypos": 600, "width": 25, "height": 600},
    ]

    for cube in cubedata:
        xpos, ypos, width, height = cube["xpos"], cube["ypos"],\
            cube["width"], cube["height"]
        CUBES.append(Cube(xpos, ypos, 0, width, height, 25,
"cube"))
        cube_obj = RectangleEntity(xpos - width, ypos - height,
                                   width * 2, height * 2)
        ENGINE.entities.append(cube_obj)


    ENGINE.entities.append(BALL)
    IMAGES.append(Cube(0, 0, 0, 15, 15, 15, "ball"))

    for yindex in range(5):
        for xindex in range(7 + yindex%2):
            xpos = xindex * 60 + (95 if yindex % 2 == 1 else 120)
            ypos = yindex * 150 + 100
            pin = Cube(xpos, ypos, 0, 10, 10, 10, "pin0")
            IMAGES.append(pin)
            pin_obj = CircleEntity(xpos, ypos, 10, True, 0.8)
            pin_obj.pin = pin
            pin_obj.onhit = types.MethodType(onhit, pin_obj)
            ENGINE.entities.append(pin_obj)

    while True:
        tick()
        paint()
        FPSCLOCK.tick(30)


pygame.init()
```

320 | 第 8 章 〈3D 編 − 2〉3D ゲームサンプル

```
pygame.key.set_repeat(5, 5)
SURFACE = pygame.display.set_mode([600, 600])
FPSCLOCK = pygame.time.Clock()
ENGINE = Engine(-100, -100, 800, 1400, 0, 0)
BALL = CircleEntity(randint(0, 300) + 100, 1000, 15, False, 0.9)
CUBES = []
IMAGES = []
CAMERA_THETA = [1.2, 0]
LIGHT = normalize([0.5, -0.8, -0.2])
PNGS = (pygame.image.load("pin0.png"),
        pygame.image.load("pin1.png"),
        pygame.image.load("ball.png"))

if __name__ == '__main__':
    main()
```

■座標系

いつものように座標系を確認しましょう。X軸は右方向が正、Y軸は上方向が正です。Z軸は画面奥が正となります。

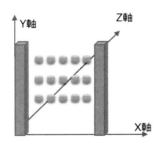

ブロックの配置座標は以下の通りです。奥行きを表現するために、縦に長めになっています。

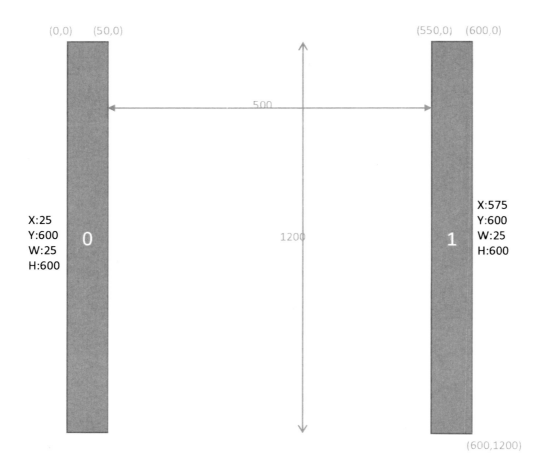

このゲームでも3D Tiltと同様に盤の中心を原点としてX軸方向、Y軸方向に回転しています。

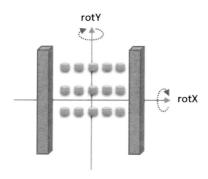

今回は3つの画像を使用しました。

●左から、ball.png、pin0.png、pin1.png

　これらは単なる平面画像ですが、描画順序とサイズを変えることで立体的な効果を演出しています。

■主なグローバル変数

　使用している主なグローバル変数は以下の通りです。

ENGINE	物理エンジン
CUBES = []	立方体を格納する配列
IMAGES = []	ボール、ピンのオブジェクトを格納する配列
BALL	2Dエンジン用のボールオブジェクト
CAMERA_THETA	Y軸方向の回転角[1]、X軸方向の回転角[0]
PNGS	ボールとピンの画像
LIGHT	光源の単位ベクトル

■主なクラス

　関数やメソッドの中には3D迷路のものと重複するものも少なくありません。異なる点を中心に説明してゆきます。

●Surface

Surfaceは立方体の各面を表すオブジェクトです。__init__(self, v0, v1, v2, v3)はコンストラクタです。後述するCubeオブジェクトのコンストラクタから呼び出されます。vertは頂点の座標を保持する配列です。

```python
class Surface():
    """ object for each surface """
    def __init__(self, v0, v1, v2, v3):
        self.vert = (v0, v1, v2, v3)
        self.norm = (0, 0, 0)
        self.zpos = 0

    def update(self):
        """ update the normal vector of the surface """
        self.norm = get_norm_vec(self.vert[0],
                                 self.vert[1], self.vert[2])
        self.zpos = (self.vert[0][2] + self.vert[1][2] \
                     + self.vert[2][2] + self.vert[3][2]) / 4
```

updateメソッドでは法線ベクトルとZ軸方向の重心を求めます。関数get_norm_vec()を使って3つの頂点(self.vert[0], self.vert[1], self.vert[2])から法線単位ベクトルを求め、normプロパティに保存します。このnormは描画時に明度を計算するときに使用します。zposは描画時の並べ替えで使用します。単に4つの座標のZ軸の重心を求めているだけです。

●Cube

立方体のオブジェクトです。__init__(self, x, y, z, w, h, d, tag)はコンストラクタです。x, y, zは中心の座標、wは幅、hは高さ、dは奥行きです。tagは左右のブロック、球、ピンのどれかを示すタグです。

```python
class Cube():
    """ 3D Cube model """
    polygons = (
        (2, 1, 5, 6), (0, 1, 2, 3), (4, 5, 1, 0),
        (2, 6, 7, 3), (7, 6, 5, 4), (0, 3, 7, 4)
    )
```

324 | 第8章 〈3D編−2〉3Dゲームサンプル

```python
    def __init__(self, x, y, z, w, h, d, tag):
        self.xpos = x
        self.zpos = z
        self.pos = []
        self.tag = tag
        self.surfaces = []
        self.vertices = (
            (x - w, y - h, z + d),
            (x - w, y + h, z + d),
            (x + w, y + h, z + d),
            (x + w, y - h, z + d),
            (x - w, y - h, z - d),
            (x - w, y + h, z - d),
            (x + w, y + h, z - d),
            (x + w, y - h, z - d),
        )

        for vert in self.vertices:
            self.pos.append([vert[0], vert[1], vert[2]])

        for i in range(6):
            indices = self.polygons[i]
            pos0 = self.pos[indices[0]]
            pos1 = self.pos[indices[1]]
            pos2 = self.pos[indices[2]]
            pos3 = self.pos[indices[3]]
            self.surfaces.append(Surface(pos0, pos1, pos2, pos3))
```

　polygonsは頂点を結ぶ順序を格納した配列です。どの矩形でも共通する内容なのでクラス変数にしています。posは描画直前の座標を格納する配列です。カメラの位置を変えたり、回転したりする度に新しい値が格納されます。verticesは頂点の座標です。

　for文を使ってposに座標を追加する手順、surfacesにSurfaceオブジェクトを追加する手順に関しては3D迷路の解説をご覧ください。

　set_cameraはカメラの位置や向きに応じて立方体の座標を更新する関数です。引数はカメラのX,Y,Z座標と、X軸、Y軸方向への回転ベクトルです。

第8章　〈3D編 − 2〉3Dゲームサンプル　｜　325

```python
    def set_camera(self, camera_x, camera_y, camera_z,
                   mrot_x, mrot_y):
        """ set camera location and update vertices positions """
        for i in range(len(self.vertices)):
            vert = self.vertices[i]
            xpos = vert[0] - camera_x
            ypos = vert[1] - camera_y
            zpos = vert[2]

            # rotate around Y axis
            ppos = mrot_y[0] * xpos + mrot_y[1] * ypos \
                + mrot_y[2] * zpos
            qpos = mrot_y[3] * xpos + mrot_y[4] * ypos \
                + mrot_y[5] * zpos
            rpos = mrot_y[6] * xpos + mrot_y[7] * ypos \
                + mrot_y[8] * zpos

            # rotate around X axis
            self.pos[i][0] = mrot_x[0] * ppos + mrot_x[1] * qpos\
                + mrot_x[2] * rpos
            self.pos[i][1] = mrot_x[3] * ppos + mrot_x[4] * qpos\
                + mrot_x[5] * rpos
            self.pos[i][2] = mrot_x[6] * ppos + mrot_x[7] * qpos\
                + mrot_x[8] * rpos  - camera_z

        for surface in self.surfaces:
            surface.update()
```

　回転行列を適用するときに、1）カメラをX・Y軸方向に移動して盤の中心を原点に設定、2）回転行列を適用、3）カメラをZ軸方向に移動、という順番で処理していることに注目してください。

■主な関数

　normalize(vec)、get_norm_vec(pos1, pos2, pos3)は3D迷路と全く同じです。詳しくは3D迷路の解説をご覧ください。

326 ｜ 第8章 〈3D編－2〉3Dゲームサンプル

●def main():

メインルーチンです。

```python
def main():
    """ main routine """
    cubedata = [
        {"xpos": 25, "ypos": 600, "width": 25, "height": 600},
        {"xpos": 575, "ypos": 600, "width": 25, "height": 600},
    ]


    for cube in cubedata:
        xpos, ypos, width, height = cube["xpos"], cube["ypos"],\
            cube["width"], cube["height"]
        CUBES.append(Cube(xpos, ypos, 0, width, height, 25,
"cube"))
        cube_obj = RectangleEntity(xpos - width, ypos - height,
                                   width * 2, height * 2)
        ENGINE.entities.append(cube_obj)


    ENGINE.entities.append(BALL)
    IMAGES.append(Cube(0, 0, 0, 15, 15, 15, "ball"))
```

ここまでの処理内容は3D Tiltとほとんど同じです。

以下のfor文の二重ループでピンを配置しています。外側のループが縦（5行）、内側のループが横方向です。横方向の個数は行によって個数を変えるため、for文のループ回数をrange(7 + yindex %2)のようにしています。こうすることで、偶数行は7個、奇数行は8個のピンが配置されます。

```python
    for yindex in range(5):
        for xindex in range(7 + yindex%2):
            xpos = xindex * 60 + (95 if yindex % 2 == 1 else 120)
            ypos = yindex * 150 + 100
            pin = Cube(xpos, ypos, 0, 10, 10, 10, "pin0")
            IMAGES.append(pin)
            pin_obj = CircleEntity(xpos, ypos, 10, True, 0.8)
            pin_obj.pin = pin
```

```
        pin_obj.onhit = types.MethodType(onhit, pin_obj)
        ENGINE.entities.append(pin_obj)

    while True:
        tick()
        paint()
        FPSCLOCK.tick(30)
```

ピンは画像として描画していますが、盤が傾いたときに座標や傾きを計算するのは面倒です。そこで、ダミーの3DオブジェクトCubeを作成し、その前面の座標を求め、その場所に画像を描画するという仕様にしました。以下のコードでピンの場所にCubeオブジェクトを作成します。

```
pin = Cube(xpos, ypos, 0, 10, 10, 10, "pin0")
```

次は物理エンジンです。ピンは固定型のCircleEntityとして盤上に配置しています。その箇所が以下のコードです。

```
        pin_obj = CircleEntity(xpos, ypos, 10, True, 0.8)
        pin_obj.pin = pin
        pin_obj.onhit = types.MethodType(onhit, pin_obj)
        ENGINE.entities.append(pin_obj)
```

ここで、描画の座標を計算するためのpinと、物理エンジン用のpin_objを混乱しないよう注意してください。

衝突時には3D世界の画像を変える必要があります。そのためには、何らかの方法で2Dの世界と3Dの世界がひもづいている必要があります。それが「pin_obj.pin = pin」です。物理エンジンのオブジェクトpin_objのpinプロパティにCubeオブジェクトを登録しています。こうすると、物理世界のオブジェクトから座標計算用Cubeオブジェクトを簡単にたどれるようになります。

衝突したときには画像を変えます。物理世界でオブジェクトが衝突した際は、onhitに登録した関数が呼び出されます。クラスを継承してメソッドを上書きすることも検討しましたが、types.MethodType(onhit, pin_obj)を使ってオブジェクトに動的にメソッドを割り当ててみました。

こうすることで、ボールとピンが衝突した時に以下のonhitコールバックが呼び出されるようになります。

```
def onhit(self, peer):
    """ callback function when a pin is hit by the ball """
```

328 │ 第8章 〈3D編－2〉3Dゲームサンプル

```
    self.pin.tag = "pin1"
```

コールバックでは、pinプロパティ（Cubeオブジェクト）のtag値を変更しています。この値は描画時に参照します。

●def eventloop():

イベントを処理します。イベントがQUITのときはプログラムを終了します。イベントがKEYDOWNのときは、上下左右のキー押下に応じて、X軸方向の回転角CAMERA_THETA[0]と、Y軸方向の回転角CAMERA_THETA[1]の値を更新しています。あまり傾けると物理エンジンとのズレが目立つので、回転角はX軸方向が1から1.3に、Y軸方向が−0.5から0.5に制限しています。

```
def eventloop():
    """ handle events in eventloop """
    for event in pygame.event.get():
        if event.type == QUIT:
            pygame.quit()
            sys.exit()
        elif event.type == KEYDOWN:
            if event.key == K_LEFT:
                CAMERA_THETA[1] -= 0.01
            elif event.key == K_RIGHT:
                CAMERA_THETA[1] += 0.01
            elif event.key == K_UP:
                CAMERA_THETA[0] += 0.01
            elif event.key == K_DOWN:
                CAMERA_THETA[0] -= 0.01
        CAMERA_THETA[0] = max(1.0, min(1.3, CAMERA_THETA[0]))
        CAMERA_THETA[1] = max(-0.5, min(0.5, CAMERA_THETA[1]))
```

●def tick():

カメラの回転角CAMERA_THETAから、Y軸回りの回転行列mrot_y、X軸回りの回転行列mrot_xを求めています。

```
def tick():
    """ called periodically from the main loop """
```

第8章　〈3D編−2〉3Dゲームサンプル　329

```
    eventloop()

    cval, sval = cos(CAMERA_THETA[1]), sin(CAMERA_THETA[1])
    mrot_y = [cval, 0, sval, 0, 1, 0, -sval, 0, cval]
    cval, sval = cos(CAMERA_THETA[0]), sin(CAMERA_THETA[0])
    mrot_x = [1, 0, 0, 0, cval, -sval, 0, sval, cval]

    ENGINE.set_gravity(-CAMERA_THETA[1] * 20, -CAMERA_THETA[0] * 5)
    ENGINE.step(0.01)

    if BALL.ypos < 0 or BALL.ypos > 1200:
        BALL.xpos = randint(0, 300) + 100
        BALL.ypos = 1000

    IMAGES[0] = Cube(BALL.xpos, BALL.ypos, 0, 10, 10, 10, "ball")
    for cube in CUBES:
        cube.set_camera(300, 300, -1500, mrot_x, mrot_y)
    for pin in IMAGES:
        pin.set_camera(300, 300, -1500, mrot_x, mrot_y)
```

　Y軸方向にはカメラの回転角を20倍した値を、X軸方向にはカメラの回転角を5倍した値を、重力として物理エンジンに適用しています。engine.step(0.01)は物理エンジンの世界の時計を進める命令です。

　ボールが盤の外に出てしまったときは、すなわち、BALL.ypos < 0 or BALL.ypos > 1200が真のときは、BALLの座標を乱数で初期化しています。

　IMAGESにはすべての3D描画用オブジェクトが格納されています。ボールはその先頭に配置しています。ボールの位置は物理エンジンを進めるたびに変化するので、その先頭に格納してあるCubeオブジェクトは都度作成しています。

　あとは、CUBESとIMAGESに含まれるすべての要素に、set_cameraでカメラの位置と回転を適用しています。

●def paint():

　画面を描画します。関数が長いので分割して説明します。まず左右の矩形ですが、これは今までのゲームと全く同じ処理なのでコードを見ていただければ内容はわかると思います。

```
def paint():
```

330 　第8章　〈3D編−2〉3Dゲームサンプル

```python
""" update the surface """
SURFACE.fill((0, 0, 0))

# draw bars on both sides
surfaces = []
for cube in CUBES:
    surfaces.extend(cube.surfaces)
surfaces = sorted(surfaces, key=lambda x: x.zpos, reverse=True)

for surf in surfaces:
    dot = surf.norm[0]*LIGHT[0] + surf.norm[1]*LIGHT[1] \
        + surf.norm[2]*LIGHT[2]
    ratio = (dot + 1) / 2
    (rval, gval, bval) = (floor(255*ratio),
                          floor(255*ratio), floor(255*ratio))

    pts = []
    for i in range(4):
        (xpos, ypos, zpos) = (surf.vert[i][0], surf.vert[i][1],
surf.vert[i][2])
        if zpos <= 10:
            continue
        xpos = int(xpos * 1200 / zpos + 300)
        ypos = int(-ypos * 1200 / zpos + 300)
        pts.append((xpos, ypos))

    if len(pts) > 3:
        pygame.draw.polygon(SURFACE, (rval, gval, bval), pts)
```

ボールやピンの画像を描画しているのは以下のコードです。

```python
# draw pins
surfaces = []
for pin in IMAGES:
    surf = pin.surfaces[1]
```

第 8 章　〈3D 編－2〉3D ゲームサンプル　| 　331

```
        surf.tag = pin.tag
        surfaces.append(surf)
    surfaces = sorted(surfaces, key=lambda x: x.zpos, reverse=True)

    for surf in surfaces:
        (xpos, ypos, zpos) = (surf.vert[0][0],
                              surf.vert[0][1], surf.vert[0][2])
        if zpos < 10:
            continue
        xpos = int(xpos * 1200 / zpos + 300)
        ypos = int(-ypos * 1200 / zpos + 300)
        scale = (4000-zpos)/20000
        if surf.tag == "ball":
            draw_rotate_center(PNGS[2], xpos, ypos, 0, scale)
        elif surf.tag == "pin0":
            draw_rotate_center(PNGS[0], xpos, ypos,
                              degrees(CAMERA_THETA[1]), scale)
        elif surf.tag == "pin1":
            draw_rotate_center(PNGS[1], xpos, ypos,
                              degrees(CAMERA_THETA[1]), scale)

    pygame.display.update()
```

　画像は平面です。よって1面の座標があれば十分です。それを取り出しているのが以下のコードです。

```
    for pin in IMAGES:
        surf = pin.surfaces[1]
```

　あまり厳密に座標を計算しなくても、それっぽい動きになったので、面の最初の座標を取得し、それを(xpos, ypos, zpos)として使用しています。画像の種類はsurf.tagを参照して求めています。画像を回転した状態で描画するためdraw_rotate_center関数を呼び出します。

●def draw_rotate_center():

　PyGameでは回転して画像を描画する場合、回転した状態の画像を作成し、それを描画するこ

とになります。画像の中心を回転軸にするために、rotate_sprite.get_rect()で回転後の画像が占める矩形rectを取得し、その値を使ってSURFACE.blit()を呼び出しています。

```python
def draw_rotate_center(image, xpos, ypos, theta, zoom):
    """ rotate image """
    rotate_sprite = pygame.transform.rotozoom(image, theta, zoom)
    rect = rotate_sprite.get_rect()
    SURFACE.blit(rotate_sprite, (xpos-(rect.width/2),
                 ypos-(rect.height/2)))
```

　3D Pegの説明は以上です。このサンプルもゲームロジックは必要最小限しか実装していません。2D画像を使った疑似3Dですが、工夫次第でそれなりに3D風に描画できていると思います。ただ、ゲームとしてはまだまだです。ぜひ自分なりの工夫をすることで完成度を高めてください。

8-5 3D Tank

8-5-1 ゲーム概要

　プレーヤの視点で3D仮想空間を上下左右キーで移動します。左右で回転、上下で前進・後進です。スペースキーでミサイルを発射して敵の戦車を破壊します。ミサイルが的中すると、敵の戦車はバラバラに壊れてゆきます。画面右にはレーダーが表示されています。自分の位置とその視野角、敵の位置とミサイルの位置が一目で把握できるようになっています。

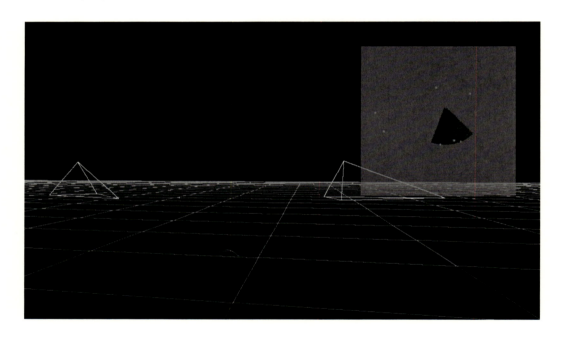

　デザインがシンプルでレトロな雰囲気であることは否めませんが、3D空間を自由に移動する感覚はそれなりに表現できていると思います。

8-5-2 ソースコード解説

●ファイル：3D_tank.py

```
""" 3D Tank - Copyright 2016 Kenichiro Tanaka """
import sys
from random import randint
```

```python
from math import sin, cos, atan2, pi
import pygame
from pygame.locals import Rect, QUIT, \
    KEYDOWN, K_LEFT, K_RIGHT, K_UP, K_DOWN, K_SPACE

pygame.init()
pygame.key.set_repeat(5, 5)
SURFACE = pygame.display.set_mode((1000, 600))
RADAR = pygame.Surface((400, 400))
FPSCLOCK = pygame.time.Clock()
SHAPES = []
SHOTS = []
TANKS = []
CAMERA_THETA = 0
CAMERA = [0, 0]


def create_rotate_matrix(theta):
    """ create rotate matrix around Y-axis """
    cos_v = cos(theta)
    sin_v = sin(theta)
    return (cos_v, 0, sin_v, 0, 1, 0, -sin_v, 0, cos_v)


class Shape:
    """ Super class of all shape objects (Tank, Shot, Bang) """
    def __init__(self):
        self.model = None

    def set_camera(self, camera_x, camera_z, camera_matrix):
        """ set camera and updates the each vertex """
        self.model.translate(-camera_x, 0, -camera_z)
        self.model.apply(camera_matrix)

    def is_valid(self):
        """ return this shape is still valid or not """
```

第 8 章 〈3D 編 − 2〉3D ゲームサンプル　335

```python
        return True

    def get_color(self):
        """ get the color of this shape """
        return (255, 255, 255)

class Model:
    """ Class to hold original and current pos of vertices """
    def __init__(self, polygons):
        self.polygons = polygons
        self.work = []
        for vertices in polygons:
            tmp = []
            for vertex in vertices:
                tmp.append([vertex[0], vertex[1], vertex[2]])
            self.work.append(tmp)

    def reset(self):
        """ reset all coordinates of current positions """
        for ipos, vertices in enumerate(self.polygons):
            for jpos in range(len(vertices)):
                self.work[ipos][jpos][0] \
                    = self.polygons[ipos][jpos][0]
                self.work[ipos][jpos][1] \
                    = self.polygons[ipos][jpos][1]
                self.work[ipos][jpos][2] \
                    = self.polygons[ipos][jpos][2]

    def apply(self, matrix):
        """ apply a matrix and update coordinates """
        for vertices in self.work:
            for vertex in vertices:
                xpos = matrix[0] * vertex[0] + \
                    matrix[1] * vertex[1] + matrix[2] * vertex[2]
```

```python
            ypos = matrix[3] * vertex[0] + \
                matrix[4] * vertex[1] + matrix[5] * vertex[2]
            zpos = matrix[6] * vertex[0] + \
                matrix[7] * vertex[1] + matrix[8] * vertex[2]
            vertex[0], vertex[1], vertex[2] = xpos, ypos, zpos

    def translate(self, move_x, move_y, move_z):
        """ move all coordinates """
        for vertices in self.work:
            for vertex in vertices:
                vertex[0] += move_x
                vertex[1] += move_y
                vertex[2] += move_z


class Shot(Shape):
    """ Bullet object shot by you """
    def __init__(self, xpos, zpos, theta):
        super().__init__()
        self.xpos = xpos
        self.zpos = zpos
        self.step = (-sin(theta) * 5, cos(theta) * 5)
        self.count = 0
        polygons = []
        polygons.append((((xpos, -5, zpos),
                        (xpos+self.step[0], -5,
zpos+self.step[1])))
        self.model = Model(polygons)

    def update(self):
        """ move the model """
        self.model.reset()
        self.count += 1
        self.model.translate(self.step[0] * self.count, 0,
                        self.step[1] * self.count)
```

第 8 章 〈3D 編 − 2〉 3D ゲームサンプル　337

```python
    def is_valid(self):
        """ return if this shot is still valid or not """
        return self.count < 30

    def get_x(self):
        """ return the x position of this bullet """
        return self.xpos + self.step[0] * self.count

    def get_z(self):
        """ return the z position of this bullet """
        return self.zpos + self.step[1] * self.count

class Tile(Shape):
    """ Tile object on the floor """
    def __init__(self):
        super().__init__()

        polygons = []
        for xpos in range(-200, 200, 10):
            for zpos in range(-200, 200, 10):
                polygons.append((
                    (xpos, -5, zpos),
                    (xpos + 10, -5, zpos),
                    (xpos + 10, -5, zpos + 10),
                    (xpos, -5, zpos + 10)))
        self.model = Model(polygons)

    def update(self):
        """ reset the coordinate of each vertex """
        self.model.reset()

    def get_color(self):
        """ return the color of the floor """
```

```python
        return (255, 0, 0)


class Tank(Shape):
    """ Tank object """
    vert = [(-10, -5, -5), (-10, -5, +5), (10, -5, 0), (-8, 2, 0)]
    polygons = ((vert[0], vert[1], vert[2]),
                (vert[0], vert[1], vert[3]),
                (vert[1], vert[2], vert[3]),
                (vert[2], vert[0], vert[3]))

    def __init__(self):
        super().__init__()

        self.model = Model(self.polygons)
        self.valid = True
        self.xpos = 0
        self.zpos = 0
        self.theta = 0
        self.next_x = 0
        self.next_z = 0
        self.next_t = 0
        self.count = 0
        self.rotating = False
        self.matrix = None
        self.set_destination(randint(0, 400) - 200,
                             randint(0, 400) - 200, 0)

    def set_destination(self, xpos, zpos, theta):
        """ set the next destination to move to """
        self.xpos = xpos
        self.zpos = zpos
        self.theta = theta
        self.next_x = randint(0, 400) - 200
        self.next_z = randint(0, 400) - 200
```

第 8 章 〈3D 編 − 2〉3D ゲームサンプル | 339

```python
        self.next_t = -atan2(self.next_z - self.zpos,
                             self.next_x - self.xpos)
        self.count = 0
        self.rotating = True
        self.matrix = create_rotate_matrix(self.next_t)

    def get_x(self):
        """ return the current x position """
        return self.xpos + (0 if self.rotating \
            else (self.next_x - self.xpos) * self.count / 100)

    def get_z(self):
        """ return the current z position """
        return self.zpos + (0 if self.rotating \
            else (self.next_z - self.zpos) * self.count / 100)

    def get_color(self):
        """ return the color of the tank """
        return (00, 255, 00)

    def is_valid(self):
        """ return if this tank is still alive """
        return self.valid

    def update(self):
        """ move the tank and check if this tank is shoot """
        self.model.reset()
        self.count += 1
        if self.rotating:
            direction = (self.next_t - self.theta) * self.count /
20\
                + self.theta
            self.matrix = create_rotate_matrix(direction)
            if self.count > 20:
```

340 | 第 8 章 〈3D 編 − 2〉3D ゲームサンプル

```python
                self.rotating = False
                self.count = 0

        self.model.apply(self.matrix)
        self.model.translate(self.get_x(), 0, self.get_z())

        if self.count > 100:
            self.set_destination(self.next_x,
                                 self.next_z, self.next_t)

        for shot in SHOTS:
            diffx = abs(self.get_x() - shot.get_x())
            diffz = abs(self.get_z() - shot.get_z())
            if diffx < 10 and diffz < 10:
                SHAPES.append(Bang(self))
                self.valid = False
                add_tank()


class Bang(Shape):
    """ Explosion object """
    def __init__(self, tank):
        super().__init__()
        pos0 = tank.model.work[0][0]
        pos1 = tank.model.work[0][1]
        pos2 = tank.model.work[0][2]
        pos3 = tank.model.work[1][2]
        polygons = (
            ((pos0[0], pos0[1], pos0[2]),
             (pos1[0], pos1[1], pos1[2])),
            ((pos1[0], pos1[1], pos1[2]),
             (pos2[0], pos2[1], pos2[2])),
            ((pos2[0], pos2[1], pos2[2]),
             (pos0[0], pos0[1], pos0[2])),
            ((pos0[0], pos0[1], pos0[2]),
```

第8章 〈3D編 − 2〉3Dゲームサンプル 341

```python
                (pos3[0], pos3[1], pos3[2])),
               ((pos1[0], pos1[1], pos1[2]),
                (pos3[0], pos3[1], pos3[2])),
               ((pos2[0], pos2[1], pos2[2]),
                (pos3[0], pos3[1], pos3[2]))))

        self.model = Model(polygons)
        self.count = 0
        self.colors = []
        for col in range(255, 0, -15):
            self.colors.append((0, col, 0))
        self.bangs = []
        for _ in range(12):
            self.bangs.append((randint(0, 20)-10,
                               randint(0, 20)-10, randint(0,
20)-10))

    def update(self):
        """ update positions of explosion """
        self.model.reset()
        self.count += 1
        for num in range(12):
            vertex = self.model.work[num//2][num%2]
            vertex[0] += self.bangs[num][0] * self.count / 16
            vertex[1] += self.bangs[num][1] * self.count / 16
            vertex[2] += self.bangs[num][2] * self.count / 16

    def is_valid(self):
        """ return if still in the middle of the explosion """
        return self.count < 16

    def get_color(self):
        """ return the color of this explosion """
        return self.colors[self.count]
```

```python
def tick():
    """ called periodically from the main loop """
    global CAMERA_THETA, SHAPES, SHOTS, TANKS
    for event in pygame.event.get():
        if event.type == QUIT:
            pygame.quit()
            sys.exit()
        elif event.type == KEYDOWN:
            if event.key == K_LEFT:
                CAMERA_THETA += 0.1
            elif event.key == K_RIGHT:
                CAMERA_THETA -= 0.1
            elif event.key == K_UP:
                CAMERA[0] -= sin(CAMERA_THETA) * 3
                CAMERA[1] += cos(CAMERA_THETA) * 3
            elif event.key == K_DOWN:
                CAMERA[0] += sin(CAMERA_THETA) * 3
                CAMERA[1] -= cos(CAMERA_THETA) * 3
            elif event.key == K_SPACE:
                shot = Shot(CAMERA[0], CAMERA[1], CAMERA_THETA)
                SHOTS.append(shot)
                SHAPES.append(shot)

    camera_matrix = create_rotate_matrix(CAMERA_THETA)
    for shape in SHAPES:
        shape.update()
        shape.set_camera(CAMERA[0], CAMERA[1], camera_matrix)

    SHAPES = [x for x in SHAPES if x.is_valid()]
    SHOTS = [x for x in SHOTS if x.is_valid()]
    TANKS = [x for x in TANKS if x.is_valid()]

def add_tank():
```

第8章 〈3D編−2〉3Dゲームサンプル | 343

```python
    """ add a tank at random position """
    tank = Tank()
    TANKS.append(tank)
    SHAPES.append(tank)

def paint():
    "update the screen"
    SURFACE.fill((0, 0, 0))

    # Paint polygons
    for shape in SHAPES:
        polygons = shape.model.work
        for vertices in polygons:
            poly = []
            for vertex in vertices:
                zpos = vertex[2]
                if zpos <= 1:
                    continue
                poly.append((vertex[0] / zpos * 1000 + 300,
                            -vertex[1] / zpos * 1000 + 300))

            if len(poly) > 1:
                pygame.draw.lines(SURFACE,
                                shape.get_color(), True, poly)
    # Paint radar map
    xpos, zpos, theta = CAMERA[0], CAMERA[1], CAMERA_THETA
    RADAR.set_alpha(128)
    RADAR.fill((128, 128, 128))
    pygame.draw.arc(RADAR, (0, 0, 225),
                Rect(xpos+100, -zpos+100, 200, 200),
                theta-0.6+pi/2, theta+0.6+pi/2, 100)
    pygame.draw.rect(RADAR, (225, 0, 0),
                Rect(xpos+200, -zpos+200, 5, 5))
    for tank in TANKS:
```

```python
        pygame.draw.rect(RADAR, (0, 255, 0),
                         Rect(tank.get_x()+200, -tank.get_z()+200, 5,
5))
    for shot in SHOTS:
        pygame.draw.rect(RADAR, (225, 225, 225),
                         Rect(shot.get_x()+200, -shot.get_z()+200, 5,
5))
    scaled_radar = pygame.transform.scale(RADAR, (300, 300))
    SURFACE.blit(scaled_radar, (650, 50))
    pygame.display.update()


def main():
    """ main routine """
    SHAPES.append(Tile())
    for _ in range(6):
        add_tank()

    while True:
        tick()
        paint()
        FPSCLOCK.tick(15)


if __name__ == '__main__':
    main()
```

■座標系

　今回のゲームでは以下のような座標系を使用します。平面をX-Z座標系で、高さをY軸方向で表現しています。軸の向きは、画面の右方向がX軸の正、画面の上方向がY軸の正、画面の奥方向がZ軸の正です。Y軸方向の回転角θはZ軸が$0°$で反時計回り方向に増えてゆきます。

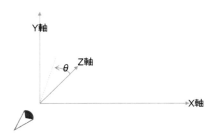

このあたりを曖昧のままで実装を進めると、向きがどちらか混乱して後々痛い目にあうことになります。Y軸の向きを勘違いしてデバッグにムダな時間を費やしたり、Z軸とY軸を間違えてコードを破壊したり、行き当たりばったりで作業するとすぐに行き詰まります。自戒の念を込めて自身の経験を共有させていただきます。

■ローカル座標、ワールド座標、カメラ座標

"Tankが向きを変える"という挙動を考えてみましょう。通常Tankは任意の座標に存在します。仮にTankが(x1,z1)の座標にいたとします。このTankを回転するにはどうしたらよいでしょうか？

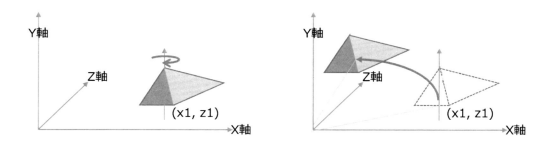

回転行列を使うと座標軸を中心に回転できることを見てきました。(x1,z1)にいるTankに回転行列を適用すると、Y軸を中心に回転するため、別の位置へ移動してしまいます。この挙動は"Tankがその場所で向きを変える"という要望とは異なるものです。

そこで、向きを変える場合は、いったん回転の中心が原点に来るように(-x1, -z1)平行移動します。この状態で回転行列を適用し、座標が更新されたら元の場所へ(+x1, +z1)平行移動するのです。

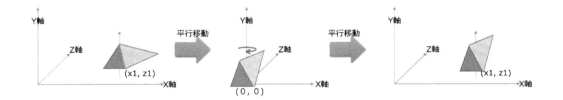

　このようにすれば目的は達成できるのですが、少々面倒なことは否めません。そこで、今回はオブジェクト毎に座標系を用意し、回転はその座標系で計算し、最後に3D空間の適切な場所に平行移動で配置するという手法をとることにしました。

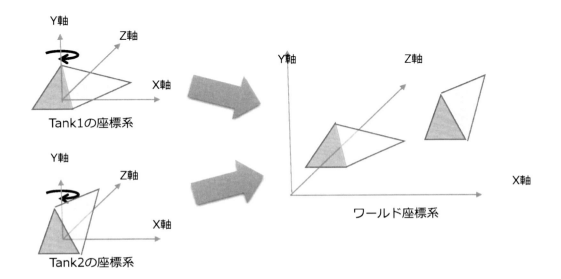

　Tank1もTank2もそれぞれ自分自身の座標系をもちます。Tank1やTank2に固有の座標系を"ローカル座標系"と呼びます。回転行列はこの座標系で適用します。そのあとで実際のTankの場所(x,z)に応じて全部のオブジェクトが共存する座標系へ平行移動します。この後者の座標系のことを"ワールド座標系"と呼びます。

　複数の座標系が出てきて混乱したかもしれませんが、さらにもう1つ座標系が存在します。それがカメラ座標系です。ワールド座標系の内容が同じだったとしてもカメラの位置や向きによって描画される内容は異なるはずです。下の図を見てもそのことがわかると思います。

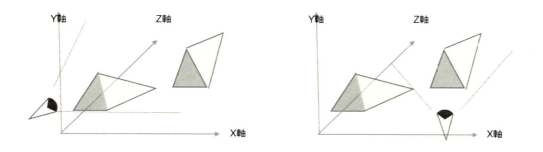

ここで、「カメラとオブジェクトの位置は相対的な関係にある」という特徴を利用します。

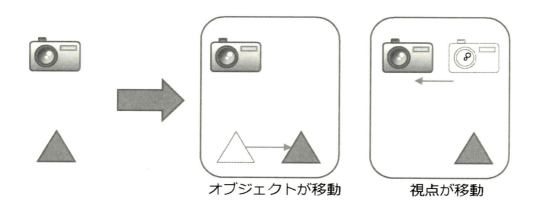

ある状態からオブジェクトが右方向へ移動したと仮定します。当然オブジェクトが描画される場所が変わります。一方、視点が左方向へ移動した場合も考えてみてください。視点から見える景色は同じ状態になるはずです。

ゲームでは上下左右キーで視点が移動します。これは、カメラが移動することに相当します。しかし、カメラを移動するかわりに、すべてのオブジェクトを視点と逆方向に移動させても画面に描画される内容は同じものになるのです。

仮に、カメラが(x1,z1)の位置に移動したとします。この状態でカメラが向きを変えたとします。カメラを中心として他のオブジェクトを回転させる必要がありますが、その処理は少々面倒です。そこで逆転の発想として、カメラを(x1,z1)へ移動させる代わりに他のオブジェクトを(-x1,-z1)平行移動させてみます。カメラから見た風景は同じになるはずです。結果としてカメラが原点にあるのと同じ状態になります。これがカメラ座標系です。

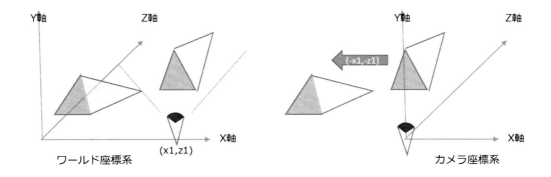

視点が原点にくると、カメラの向きの計算が容易になります。カメラ座標系のすべてのオブジェクトにカメラの向きと逆方向の回転行列を適用すればよいのです。

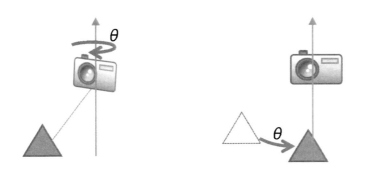

ここまで長々と座標系の説明をしてきましたが、この座標系をしっかり把握していないとソースコードの理解が難しくなります。ライブラリを使ってゲームを作る場合にもこれらの座標系に関する理解は必要となります。ぜひしっかりと把握するようにしてください。

■主なグローバル変数

使用している主なグローバル変数は以下の通りです。

SHAPES = []	すべての描画オブジェクトを格納する配列
SHOTS = []	弾丸を格納する配列
TANKS = []	Tankを格納する配列
CAMERA_THETA = 0	カメラの向き
CAMERA = [0, 0]	カメラの座標（x、z）
RADAR	レーダー（メイン画面横の地図ビットマップ）

■主な関数の解説

　今回のゲームでは3Dモデルをオブジェクトとして実装していますが、その3Dオブジェクトをどのように初期化、更新、描画しているか、呼び出し側から先に見てゆくことにします。

● def create_rotate_matrix(theta):
　Y軸方向の回転行列を作成する関数です。

```
def create_rotate_matrix(theta):
    """ create rotate matrix around Y-axis """
    cos_v = cos(theta)
    sin_v = sin(theta)
    return (cos_v, 0, sin_v, 0, 1, 0, -sin_v, 0, cos_v)
```

● def main():
　メインルーチンです。

```
def main():
    """ main routine """
    SHAPES.append(Tile())
    for _ in range(6):
        add_tank()

    while True:
        tick()
        paint()
        FPSCLOCK.tick(15)
```

　Tile()は地面の格子です。これを広域変数SHAPESに追加し、タンクを6台追加しています。あとは、メインループで、tick()、paint()と繰り返し実行します。

● def tick():
　実質的なメインループです。

```
def tick():
    """ called periodically from the main loop """
    global CAMERA_THETA, SHAPES, SHOTS, TANKS
```

350 　第8章 〈3D編－2〉3Dゲームサンプル

```python
    for event in pygame.event.get():
        if event.type == QUIT:
            pygame.quit()
            sys.exit()
        elif event.type == KEYDOWN:
            if event.key == K_LEFT:
                CAMERA_THETA += 0.1
            elif event.key == K_RIGHT:
                CAMERA_THETA -= 0.1
            elif event.key == K_UP:
                CAMERA[0] -= sin(CAMERA_THETA) * 3
                CAMERA[1] += cos(CAMERA_THETA) * 3
            elif event.key == K_DOWN:
                CAMERA[0] += sin(CAMERA_THETA) * 3
                CAMERA[1] -= cos(CAMERA_THETA) * 3
            elif event.key == K_SPACE:
                shot = Shot(CAMERA[0], CAMERA[1], CAMERA_THETA)
                SHOTS.append(shot)
                SHAPES.append(shot)

    camera_matrix = create_rotate_matrix(CAMERA_THETA)
    for shape in SHAPES:
        shape.update()
        shape.set_camera(CAMERA[0], CAMERA[1], camera_matrix)

    SHAPES = [x for x in SHAPES if x.is_valid()]
    SHOTS = [x for x in SHOTS if x.is_valid()]
    TANKS = [x for x in TANKS if x.is_valid()]
```

イベントがQUITのときはゲームを終了します。左右キーでカメラの向きを変え、上下キーで前後に移動、スペースキーでミサイルを発射します。

```python
        elif event.type == KEYDOWN:
            if event.key == K_LEFT:
                CAMERA_THETA += 0.1
```

```
        elif event.key == K_RIGHT:
            CAMERA_THETA -= 0.1
        elif event.key == K_UP:
            CAMERA[0] -= sin(CAMERA_THETA) * 3
            CAMERA[1] += cos(CAMERA_THETA) * 3
        elif event.key == K_DOWN:
            CAMERA[0] += sin(CAMERA_THETA) * 3
            CAMERA[1] -= cos(CAMERA_THETA) * 3
        elif event.key == K_SPACE:
            shot = Shot(CAMERA[0], CAMERA[1], CAMERA_THETA)
            SHOTS.append(shot)
            SHAPES.append(shot)
}
```

　左キーK_LEFT、右キーK_RIGHTの押下状態に応じてカメラの向きCAMERA_THETAを増減させています。K_UPが上、K_DOWNが下ですが、上下キー押下時の計算については分かりづらいので説明を補足します。

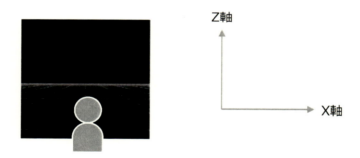

　ゲームの開始時、カメラの向きであるCAMERA_THETAは0です。この状態で上キーを押すと画面奥へ進むのが自然な挙動です。つまりZ軸が上で、横方向がX軸となります。ここで少し左を向いたとします。左のキーコードはK_LEFTなので、CAMERA_THETAが正の値となります。この状態で前（上キー）に少し進んだとします。

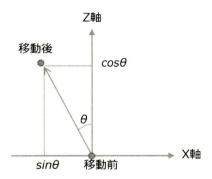

　X軸はsinθ分減り、Z軸はcosθ増えることになります。つまり、上キー押下時は以下のような処理となります。

```
CAMERA[0] -= sin(CAMERA_THETA) * 3
CAMERA[1] += cos(CAMERA_THETA) * 3
```

　この式にある"3"は移動スピードです。この値を大きくすれば速く移動します。下キー押下時はsin/cosの符号が逆になります。

　スペースキーのキーコードは32です。押下時にミサイルを発射します。

```
elif event.key == K_SPACE:
    shot = Shot(CAMERA[0], CAMERA[1], CAMERA_THETA)
    SHOTS.append(shot)
    SHAPES.append(shot)
}
```

　弾丸であるShotオブジェクトを作成します。弾丸の発射位置と向きはカメラの位置と向きと同じなので、それらの情報を引数で与えています。あとは作成したShotオブジェクトを配列SHOTSとSHAPESに格納しています。

　つづいてカメラの向きに合わせて回転行列camera_matrixを作成し、すべての3Dオブジェクトについてupdateとset_cameraを呼び出しています。updateはオブジェクト固有の処理、set_cameraはカメラ座標系への変換を行うメソッドです。

```
camera_matrix = create_rotate_matrix(CAMERA_THETA)
for shape in SHAPES:
    shape.update()
    shape.set_camera(CAMERA[0], CAMERA[1], camera_matrix)
```

　最後に各種配列でフィルタリング（＝必要な要素だけを抽出する作業）を行います。Tankは

破壊されてなくなるかもしれません。弾丸Shotは一定距離進むと消滅します。それら無効になったオブジェクトを配列から取り除く必要があるためです。

```
SHAPES = [x for x in SHAPES if x.is_valid()]
SHOTS = [x for x in SHOTS if x.is_valid()]
TANKS = [x for x in TANKS if x.is_valid()]
```

●def add_tank():

Tankオブジェクトを作成し、TANKSとSHAPES配列に追加します。

```
def add_tank():
    """ add a tank at random position """
    tank = Tank()
    TANKS.append(tank)
    SHAPES.append(tank)
```

●def paint():

この関数も長いので分割して説明します。前半部分がメイン画面の描画処理を行っている部分です。VRMLビューワの描画関数とほぼ同じ処理です。

```
def paint():
    "update the screen"
    SURFACE.fill((0, 0, 0))


    # Paint polygons
    for shape in SHAPES:
        polygons = shape.model.work
        for vertices in polygons:
            poly = []
            for vertex in vertices:
                zpos = vertex[2]
                if zpos <= 1:
                    continue
                poly.append((vertex[0] / zpos * 1000 + 300,
                            -vertex[1] / zpos * 1000 + 300))

            if len(poly) > 1:
```

354   第8章 〈3D編−2〉3Dゲームサンプル

```
                    pygame.draw.lines(SURFACE,

                                shape.get_color(), True, poly)
```

例によって画面を黒でクリアしています。描画部分はfor文の三重ループから構成されています。

```
for shape in SHAPES:    3Dオブジェクトを取り出す
    for vertices in polygons:    ポリゴンの配列から頂点の配列を取り出す
        for vertex in vertices:    頂点の配列から頂点座標を取り出す
```

処理内容はVRMLビューワの描画関数とほとんど同じなので特に難しい箇所はないと思います。一番外側のfor文の直後に以下の処理を行っています。

```
                    polygon = shape.model.work
```

3Dモデルのポリゴン（の配列）はworkプロパティに格納されているので、それを取得しています。あとは、内側のループで、ポリゴン、頂点と順番に取り出し、pygame.draw.linesを使ってワイヤーフレームを描画しています。描画対象の色はshape.get_color()で取得しています。

後半は地図RADARを描画している部分です。こちらはset_alpha(128)で半透明に設定し、最初に灰色でクリアしています。

```
    # Paint radar map
    xpos, zpos, theta = CAMERA[0], CAMERA[1], CAMERA_THETA
    RADAR.set_alpha(128)
    RADAR.fill((128, 128, 128))
    pygame.draw.arc(RADAR, (0, 0, 225),
                Rect(xpos+100, -zpos+100, 200, 200),
                theta-0.6+pi/2, theta+0.6+pi/2, 100)
    pygame.draw.rect(RADAR, (225, 0, 0),
                Rect(xpos+200, -zpos+200, 5, 5))
    for tank in TANKS:
        pygame.draw.rect(RADAR, (0, 255, 0),
                Rect(tank.get_x()+200, -tank.get_z()+200, 5,
5))
    for shot in SHOTS:
        pygame.draw.rect(RADAR, (225, 225, 225),
                Rect(shot.get_x()+200, -shot.get_z()+200, 5,
```

第8章 〈3D編-2〉3Dゲームサンプル | 355

```
    5))
    scaled_radar = pygame.transform.scale(RADAR, (300, 300))
    SURFACE.blit(scaled_radar, (650, 50))
    pygame.display.update()
```

　地図の大きさは400x400、3D空間の仮想的な広さも同じ400x400です。ただし、地図の原点は左上が(0,0)ですが、仮想空間では中心が(0,0)となります。描画する際には2つの座標系を対応付けるためX軸とY軸の値に200を追加している点に注意してください。

　まず、pygame.draw.arc()で視野角を描画します。第3引数のRectは自身の座標(xpos,zpos)を中心に200x200の矩形を指定しています。zposにマイナスがついているのはスクリーンではY軸が下になっているためです。視野の中心角度theta+pi/2です。この±0.6を視野角としています。この値は実際のゲームの様子を見て調整しました。

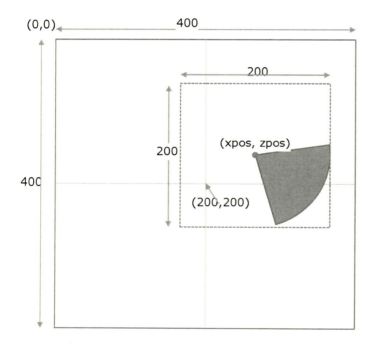

　自分自身の描画は以下のコードで赤色の矩形を描画しています。

```
pygame.draw.rect(RADAR, (225, 0, 0), Rect(xpos+200, -zpos+200, 5, 5))
```

　タンクと弾丸をそれぞれ配列から取り出して描画しています。
　最後に、pygame.transform.scaleをつかって400x400のビットマップを300x300にスケー

リングして画面に描画しています。

■主なクラス

今回使用したクラスを図にすると以下のようになります。

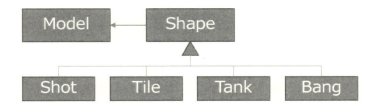

3D空間上に出現する物体はすべてクラスとして実装されています。
- Shot　　- 弾丸
- Tile　　- 床の矩形
- Tank　　- 敵の戦車
- Bang　　- 敵の爆発

　Tile、Shot、Tank、Bangは画面上に描画されるワイヤーフレームで多くの共通点があります。そこで、その共通点を親クラスShapeにまとめました。共通項の中でも3Dに関する処理はModelクラスとして作成し、Shapeからメンバ変数として参照しています。

● Shapeクラス

　まず、すべての描画クラスの親となるShapeクラスから見てゆきましょう。`__init__`はコンストラクタです。modelプロパティをNoneで初期化しています。

```
class Shape:
    """ Super class of all shape objects (Tank, Shot, Bang) """
    def __init__(self):
        self.model = None


    def set_camera(self, camera_x, camera_z, camera_matrix):
        """ set camera and updates the each vertex """
        self.model.translate(-camera_x, 0, -camera_z)
        self.model.apply(camera_matrix)


    def is_valid(self):
```

```
    """ return this shape is still valid or not """
    return True

def get_color(self):
    """ get the color of this shape """
    return (255, 255, 255)
```

set_camera、is_valid、get_colorという3つのメソッドを用意しています。set_cameraはワールド座標からカメラ座標へ変換するメソッドです。カメラのX、Z座標と反対側に平行移動し、その後で回転行列を適用しています。is_validはそのオブジェクトが有効か否かを返すメソッド、get_colorは描画するときの色を返すメソッドです。これらのメソッドは継承したクラスでオーバライドします。

●Modelクラス

3Dに関するデータを管理するのがModelクラスです。分割して説明します。

```
class Model:
    """ Class to hold original and current pos of vertices """
    def __init__(self, polygons):
        self.polygons = polygons
        self.work = []
        for vertices in polygons:
            tmp = []
            for vertex in vertices:
                tmp.append([vertex[0], vertex[1], vertex[2]])
            self.work.append(tmp)

    def reset(self):
        """ reset all coordinates of current positions """
        for ipos, vertices in enumerate(self.polygons):
            for jpos in range(len(vertices)):
                self.work[ipos][jpos][0] \
                    = self.polygons[ipos][jpos][0]
                self.work[ipos][jpos][1] \
                    = self.polygons[ipos][jpos][1]
```

```
        self.work[ipos][jpos][2] \
          = self.polygons[ipos][jpos][2]
```

`__init__`はコンストラクタです。引数に3Dデータをとります。3Dデータは3D座標の集合体です。今回のプログラムではおおよそ以下のような命名規則を使いました。

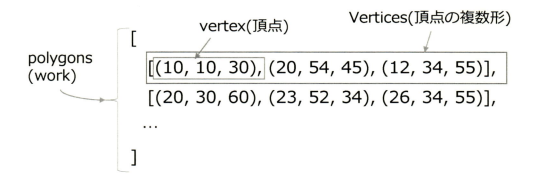

3Dデータ polygons から頂点の配列 vertices を取得し、それぞれの頂点 vertex を work プロパティに格納します。polygon プロパティに格納した値はオリジナルデータです。work は作業用データです。移動や回転は work に対して行い、その内容を描画しています。

reset メソッドは polygons のデータを work にコピーします。移動回転処理を行って work の値が変更されても、reset を呼べばいつでも元に戻せるという実装にしました。

今回のゲームでは座標変換としては平行移動とY軸方向の回転しか使用しません。それぞれの処理を apply(self, matrix) と、translate(self, move_x, move_y, move_z) で実装しました。

```
    def apply(self, matrix):
        """ apply a matrix and update coordinates """
        for vertices in self.work:
            for vertex in vertices:
                xpos = matrix[0] * vertex[0] + \
```

```
                    matrix[1] * vertex[1] + matrix[2] * vertex[2]
                ypos = matrix[3] * vertex[0] + \
                    matrix[4] * vertex[1] + matrix[5] * vertex[2]
                zpos = matrix[6] * vertex[0] + \
                    matrix[7] * vertex[1] + matrix[8] * vertex[2]
                vertex[0], vertex[1], vertex[2] = xpos, ypos, zpos

    def translate(self, move_x, move_y, move_z):
        """ move all coordinates """
        for vertices in self.work:
            for vertex in vertices:
                vertex[0] += move_x
                vertex[1] += move_y
                vertex[2] += move_z
```

workからそれぞれの頂点を取り出し、applyでは回転行列を適用し、translateでは座標の平行移動を行います。

●Shotオブジェクト

Shotは弾丸を表すオブジェクトです。スペースキー押下時にオブジェクトが作成されます。__init__はコンストラクタです。引数に発射位置の座標と向きを受け取ります。

```
class Shot(Shape):
    """ Bullet object shot by you """
    def __init__(self, xpos, zpos, theta):
        super().__init__()
        self.xpos = xpos
        self.zpos = zpos
        self.step = (-sin(theta) * 5, cos(theta) * 5)
        self.count = 0
        polygons = []
        polygons.append(((xpos, -5, zpos),
                (xpos+self.step[0], -5, zpos+self.step[1])))
        self.model = Model(polygons)
```

```python
    def update(self):
        """ move the model """
        self.model.reset()
        self.count += 1
        self.model.translate(self.step[0] * self.count, 0,
                             self.step[1] * self.count)

    def is_valid(self):
        """ return if this shot is still valid or not """
        return self.count < 30

    def get_x(self):
        """ return the x position of this bullet """
        return self.xpos + self.step[0] * self.count

    def get_z(self):
        """ return the z position of this bullet """
        return self.zpos + self.step[1] * self.count
```

stepはフレーム毎の弾丸の移動量です。弾丸の向きthetaから、(-sin(theta) * 5, cos(theta) * 5)でx方向の移動量、z方向の移動量をそれぞれ求めています。

弾丸の移動距離をカウントするプロパティcountを0で初期化します。モデルは2つの頂点からなるポリゴンが1つだけのシンプルなものです。yは地面と同じ−5にしています。

弾丸の向きの計算、3Dモデルの座標の様子を以下に示します。θがZ軸上向きからの角度になっているため、sin/cosの向きが逆になっているように感じるかもしれません。

第8章 〈3D編−2〉3Dゲームサンプル　361

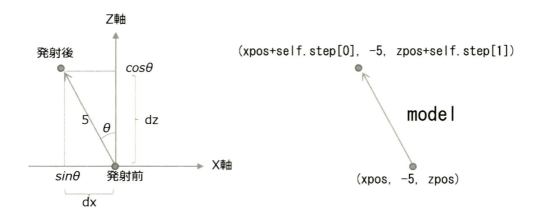

updateはメインループからフレーム毎に呼び出されます。model.reset()で3Dモデルの値を初期化し、プロパティcountを増加させ、translateでモデルを平行移動させています。

```
def update(self):
    """ move the model """
    self.model.reset()
    self.count += 1
    self.model.translate(self.step[0] * self.count, 0,
self.step[1] * self.count)
```

Tankとの衝突判定はTank側でおこなうため、ここでは何もしていません。is_validはcountが30未満か否か返すメソッドです。一定距離進んだときにオブジェクトが消滅するようにしています。get_xとget_zは現在のx、z座標を返すメソッドです。弾丸の衝突判定や地図上に弾丸を描画するときに呼び出されます。

● Tileオブジェクト

Tileオブジェクトは床の矩形です。x軸方向に-200〜+200まで、z軸方向に-200〜+200まで大きさが10x10のタイルを敷き詰めているイメージです。

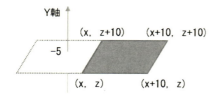

```python
class Tile(Shape):
    """ Tile object on the floor """
    def __init__(self):
        super().__init__()

        polygons = []
        for xpos in range(-200, 200, 10):
            for zpos in range(-200, 200, 10):
                polygons.append((
                    (xpos, -5, zpos),
                    (xpos + 10, -5, zpos),
                    (xpos + 10, -5, zpos + 10),
                    (xpos, -5, zpos + 10)))
        self.model = Model(polygons)

    def update(self):
        """ reset the coordinate of each vertex """
        self.model.reset()

    def get_color(self):
        """ return the color of the floor """
        return (255, 0, 0)
```

　タイル状のポリゴンを作成して、それからModelを作成します。updateが呼ばれる都度self.model.reset()でモデルを初期化します。色は赤色を返しています。

●Tankオブジェクト

　3Dモデルの中では一番複雑なオブジェクトなので、順番に見てゆきましょう。ポリゴンデータはすべてのTankオブジェクトで共通なのでクラスメンバにしています。コンストラクタではpolygonsをもとにmodelを作成し、プロパティvalidをTrueに設定しています。その他のプロパティも初期化します。

```python
class Tank(Shape):
    """ Tank object """
    vert = [(-10, -5, -5), (-10, -5, +5), (10, -5, 0), (-8, 2, 0)]
```

```python
    polygons = ((vert[0], vert[1], vert[2]),
                (vert[0], vert[1], vert[3]),
                (vert[1], vert[2], vert[3]),
                (vert[2], vert[0], vert[3]))

    def __init__(self):
        super().__init__()

        self.model = Model(self.polygons)
        self.valid = True
        self.xpos = 0
        self.zpos = 0
        self.theta = 0
        self.next_x = 0
        self.next_z = 0
        self.next_t = 0
        self.count = 0
        self.rotating = False
        self.matrix = None
        self.set_destination(randint(0, 400) - 200,
                             randint(0, 400) - 200, 0)
```

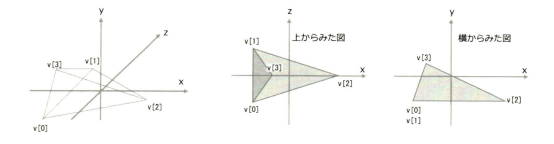

　set_destinationは次の移動先を決定するメソッドです。現在のx座標、z座標、向きtを引数で与えます。

```python
    def set_destination(self, xpos, zpos, theta):
        """ set the next destination to move to """
```

```
        self.xpos = xpos
        self.zpos = zpos
        self.theta = theta
        self.next_x = randint(0, 400) - 200
        self.next_z = randint(0, 400) - 200
        self.next_t = -atan2(self.next_z - self.zpos,
                             self.next_x - self.xpos)
        self.count = 0
        self.rotating = True
        self.matrix = create_rotate_matrix(self.next_t)
```

Tankの移動は、始点と終点を決めて、その間をカウンタの値に応じて進んでゆくという実装にしました。始点の座標が(xpos, zpos)、最初の向きがthetaです。終点の座標は(next_x, next_z)に、始点から終点の向きはnext_tに格納しています。

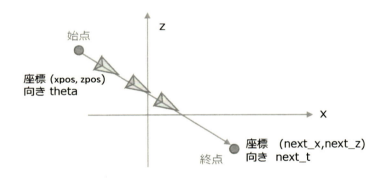

終点の座標(next_x, next_z)は乱数で、始点から終点への向きnext_tは以下の式で求めています。

```
self.next_t = -atan2(self.next_z - self.zpos, self.next_x - self.xpos)
```

atan2はアークタンジェントといって、引数で与えられた座標からθを返す関数です。同じくアークタンジェントを求める関数にatan()がありますが、atan()は引数にタンジェント値を指定して角度を戻すのに対して、atan2()の方は座標を指定できるので便利です。終点の座標と向きが決まったら、あとはプロパティcountを0で初期化し、rotatingをTrueで初期化します。rotatingはTankが回転中か否かを示すフラグです。最後に回転行列を作成しmatrixに代入しています。

ここでTankが回転→移動を繰り返す様子を整理しておきます。set_destinationが呼ばれて始点と終点が決まった後、20カウントかけて（＝約2秒）向きを目的地に設定します。その際座標は変化しません。そのあと100カウントかけて（＝約10秒）目的地に到達します。

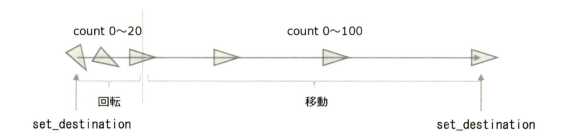

get_xとget_zは現在の座標を返すメソッドです。get_xでは、回転中の座標は始点のままなので、回転中は(self.xpos +0)を、移動中はself.xpos + (self.next_x - self.xpos) * self.count / 100を返しています。これは、始点から終点への移動を100分割して、countに応じて進んでいるからです。

```python
    def get_x(self):
        """ return the current x position """
        return self.xpos + (0 if self.rotating \
            else (self.next_x - self.xpos) * self.count / 100)

    def get_z(self):
        """ return the current z position """
        return self.zpos + (0 if self.rotating \
            else (self.next_z - self.zpos) * self.count / 100)

    def get_color(self):
        """ return the color of the tank """
        return (00, 255, 00)

    def is_valid(self):
        """ return if this tank is still alive """
        return self.valid
```

get_colorは緑色を返すメソッド、is_validはTankが有効か否か（＝破壊されていないか）を返すメソッドです。

メインループから都度呼び出されるupdateで、Tankのさまざまな処理を行っています。最初にmodel.reset()でモデルを初期化し、カウントの値を増加しています。

```python
    def update(self):
        """ move the tank and check if this tank is shoot """
        self.model.reset()
        self.count += 1
        if self.rotating:
            direction = (self.next_t-self.theta)*self.count/20\
                + self.theta
            self.matrix = create_rotate_matrix(direction)
            if self.count > 20:
                self.rotating = False
                self.count = 0

        self.model.apply(self.matrix)
        self.model.translate(self.get_x(), 0, self.get_z())

        if self.count > 100:
            self.set_destination(self.next_x,
                                 self.next_z, self.next_t)

        for shot in SHOTS:
            diffx = abs(self.get_x() - shot.get_x())
            diffz = abs(self.get_z() - shot.get_z())
            if diffx < 10 and diffz < 10:
                SHAPES.append(Bang(self))
                self.valid = False
                add_tank()
```

回転中、すなわちself.rotatingが真の場合、現在の角度を以下の式で求めて回転行列を更新しています。

```
direction = (self.next_t - self.theta) * self.count / 20 +
self.theta
```

第8章 〈3D編 – 2〉3Dゲームサンプル | 367

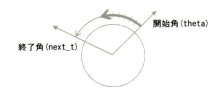

　回転が終わったときの角度（next_t）から開始角（theta）を引いて20等分します。それに self.count を掛けることで徐々に回転する様子を表現しています。その後、self.matrix = create_rotate_matrix(direction) で回転行列を作成しています。count が20よりも大きくなったら回転を止めて（self.rotating = False）、カウンタを0に初期化しています。これで次回 update が呼ばれるときは、回転ではなく直進するようになります。

　あとは、回転・移動することで、ローカル座標からワールド座標への変換を行っています。count が100を超えたら次の目的地を設定しています。

```
        self.model.apply(self.matrix)
        self.model.translate(self.get_x(), 0, self.get_z())

        if self.count > 100:
            self.set_destination(self.next_x, self.next_z, self.next_t)
```

　最後に弾丸 Shot との衝突判定を行っています。Shot オブジェクトは配列 SHOTS に格納されているので、for 文で個々のオブジェクトを取り出しています。

```
        for shot in SHOTS:
            diffx = abs(self.get_x() - shot.get_x())
            diffz = abs(self.get_z() - shot.get_z())
            if diffx < 10 and diffz < 10:
                SHAPES.append(Bang(self))
                self.valid = False
                add_tank()
```

　abs() は絶対値を求める関数です。自分のX座標とShotのX座標の差をdiffxに、Z座標の差をdiffzに求めています。それらの差が共に10より小さいときに衝突と判定しています。衝突したときは、この場所に爆発を表現するBangオブジェクトを作成し、自分自身を消去するため、self.valid = False で無効にしています。自分自身が無効になったので、新規のTankをadd_tank()で追加しています。

●Bangオブジェクト

爆発を表現する3Dオブジェクトです。Tankが破壊したときに生成されます。

```python
class Bang(Shape):
    """ Explosion object """
    def __init__(self, tank):
        super().__init__()
        pos0 = tank.model.work[0][0]
        pos1 = tank.model.work[0][1]
        pos2 = tank.model.work[0][2]
        pos3 = tank.model.work[1][2]
        polygons = (
            ((pos0[0], pos0[1], pos0[2]),
             (pos1[0], pos1[1], pos1[2])),
            ((pos1[0], pos1[1], pos1[2]),
             (pos2[0], pos2[1], pos2[2])),
            ((pos2[0], pos2[1], pos2[2]),
             (pos0[0], pos0[1], pos0[2])),
            ((pos0[0], pos0[1], pos0[2]),
             (pos3[0], pos3[1], pos3[2])),
            ((pos1[0], pos1[1], pos1[2]),
             (pos3[0], pos3[1], pos3[2])),
            ((pos2[0], pos2[1], pos2[2]),
             (pos3[0], pos3[1], pos3[2])))

        self.model = Model(polygons)
        self.count = 0
        self.colors = []
        for col in range(255, 0, -15):
            self.colors.append((0, col, 0))
        self.bangs = []
        for _ in range(12):
            self.bangs.append((randint(0, 20)-10,
                    randint(0, 20)-10, randint(0, 20)-10))
```

第8章 〈3D編-2〉3Dゲームサンプル | 369

オブジェクトのコンストラクタとしてtankオブジェクトを受け取ります。これをもとにポリゴンを組み立てます。tank.model.workにはTankがShotと衝突したときの座標が格納されています。

Tankには頂点が4つあります。それらをpos0, pos1, pos2, pos3に格納しています。爆発時は辺がバラバラに飛び散りますが、辺は6つあるので、pos0, pos1, pos2, pos3を使って6つの配列を作成し変数polygonsに代入しています。

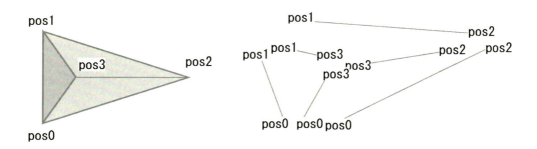

このpolygonを使ってModelを作成し、countを0で初期化し、色の配列colorsを作成しています。これは徐々に緑色が薄くなって消えてゆく様子を表現するためです。辺は6つあるので頂点は12個になります。それら12個の頂点がバラバラに移動する様子を表現するため乱数を使って爆発後の頂点の位置を作成し、配列self.bangsに格納しています。

最後にupdateメソッドです。メインルーチンtickから都度呼び出されます

```
def update(self):
    """ update positions of explosion """
    self.model.reset()
    self.count += 1
    for num in range(12):
        vertex = self.model.work[num//2][num%2]
        vertex[0] += self.bangs[num][0] * self.count / 16
        vertex[1] += self.bangs[num][1] * self.count / 16
        vertex[2] += self.bangs[num][2] * self.count / 16

def is_valid(self):
    """ return if still in the middle of the explosion """
    return self.count < 16
```

```
def get_color(self):
    """ return the color of this explosion """
    return self.colors[self.count]
```

　他の3Dオブジェクトと同じく、まず`model.reset()`でモデルを初期化し、`count`を増加させています。そのあとは、モデルの`work`に含まれる各頂点の値を、先ほど求めた乱数の16分の1ずつ増やしながら移動することで爆発の様子を表現しています。辺は6個あるので両端の頂点は12個となります。`for`文で12回繰り返しているのはそのためです。`num//2`は2で割った商を整数で、`num%2`は2で割った余りです。よって、`work[num//2][num%2]`の部分は、`[0][0]`，`[0][1]`，`[1][0]`，`[1][1]`，......と変化してゆきます。

　`is_valid`はこのオブジェクトの有効性を返すメソッドで、カウンタの値が16未満の時に有効としています。`get_color`はカウンタの値に応じて徐々に暗くなる色を返しています。

　解説をシンプルにするため、ゲームとしての機能は実装していません。破壊時のスコアを追加したり、エネルギーを取り入れたり、敵からの攻撃を追加したり、いろいろと工夫の余地はあると思います。

　背景画像を追加して、スコアと残り時間を追加してみた画面を以下に示します。

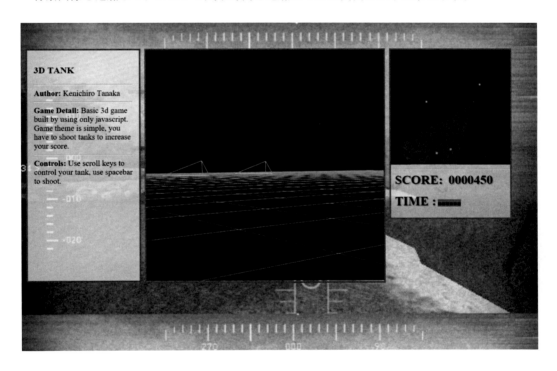

　3D Tankゲームのソースコードの解説は以上です。3D空間上を自由に移動しつつ敵を撃破するという内容なのでコードがそれなりの長さになってしまいました。また、ソースコードの簡略化に力点を置いたのでゲームの見た目が若干寂しくなってしまったことは否めません。し

かしながら、座標系の変換や回転行列の利用など、3Dゲームを作成する際の基本的要素はいろいろと含まれていると思います。みなさんもぜひオリジナルの3Dゲームを作成してみてください。

あとがき

　学生時代に地図も持たずに川崎から岡山の実家まで自転車で帰省したことがあります。約1週間かかりました。汗だくで箱根の峠を超えたこと、転んでけがをしたこと、宿が見つからず苦労したこと、いろいろな人と出会ったこと。20年以上たった今でも鮮明に覚えています。帰りは新幹線で3時間でした。

　製品レベルのアプリを開発する際はDirectXやOpenGLなどのAPIや、UnityやUnreal Engineといったライブラリを使うことになるでしょう。難しいことを隠蔽してくれるので、開発期間を大幅に短縮できます。しかしながら、面白い部分も一緒に隠れてしまいます。新幹線に乗ればあっという間に目的地に着きますが、旅情も失われてしまいます。それと同じような気がします。

　本書ではできるだけ自力で計算を行いながら2Dや3Dのゲームを作る方法を説明しました。時代に逆行するような取り組みかもしれませんが、そんな地道な作業を面白いと思っていただければこれ以上の喜びはありません。

　今回の執筆のおかげで数十年ぶりに高校数学を復習することになりました。自分が高校生の頃は行列や三角関数が何の役に立つのか正直ピンときていませんでした。本書を読まれた方であれば、コンピュータゲームと物理・数学は切っても切れない関係にあることが実感できたと思います。

　今回の執筆にあたり謝辞を述べさせていただきます。丁寧な査読をしてくださった大津真様、技術的に不正確な点やわかりづらい箇所を多数ご指摘いただきました。また、編集作業をして下さった向井様、この本の出版の企画を後押しして下さった桜井様、この場を借りて深く御礼申し上げます。また、休日や平日夜に作業することに理解してくれた家族にも感謝しています。ありがとうございました。

著者

●参考文献

・Tonny Espeset: "Kickass Java Programming: Cutting-Edge Java Techniques With an Attitude", Coriolis Group, 1998.

・Adam Ranfelt: "Build a simple 2D physics engine for JavaScript games", IBM, https://www.ibm.com/developerworks/library/wa-build2dphysicsengine/, 2012.

著者紹介

田中 賢一郎（たなか けんいちろう）

1994年慶應義塾大学理工学部修了。キヤノン株式会社に入社し、デジタル放送局の起ち上げに従事。その間に単独でデータ放送ブラウザを実装し、マイクロソフト(U.S.)へソースライセンスする。Media Center TVチームの開発者としてマイクロソフトへ。マイクロソフトではWindows、Xbox、Office 365などの開発・マネージ・サポートに携わる。2016年に中小企業診断士登録後、セカンドキャリアはIT教育に携わると決め、IT系の専門学校で1年間現場経験を積んだ後、2017年春にFuture Codersを設立。趣味はジャズピアノ演奏。
著書は、『ゲームで学ぶJavaScript入門 HTML5&CSSも身につく！』（2016年インプレス刊）、『ゲームを作りながら楽しく学べるHTML5+CSS+JavaScriptプログラミング 改訂版』（2017年インプレスR&D刊）など多数。

◎本書スタッフ
アートディレクター/装丁：岡田 章志＋GY
協力：大津 真
編集：向井 領治
デジタル編集：栗原 翔

Future Codersシリーズについて：
Future Coders (http://future-coders.net)は、本書の著者田中賢一郎氏が設立した「プログラミング教育を通して一人ひとりの可能性をひろげる」という理念のもと、英語と数学に重点をおいたプログラミングスクールです。楽しいだけで終わらない実践的な教育を目指しています。
Future Codersシリーズは、「Future Coders」の教育内容に沿ったプログラミング解説の書籍シリーズです。

●本書の内容についてのお問い合わせ先
株式会社インプレスR&D　メール窓口
np-info@impress.co.jp
件名に『本書名』問い合わせ係」と明記してお送りください。
電話やFAX、郵便でのご質問にはお答えできません。返信までには、しばらくお時間をいただく場合があります。なお、本書の範囲を超えるご質問にはお答えしかねますので、あらかじめご了承ください。
また、本書の内容についてはNextPublishingオフィシャルWebサイトにて情報を公開しております。
http://nextpublishing.jp/

●落丁・乱丁本はお手数ですが、インプレスカスタマーセンターまでお送りください。送料弊社負担 でお取り替え
させていただきます。但し、古書店で購入されたものについてはお取り替えできません。
■読者の窓口
インプレスカスタマーセンター
〒101-0051
東京都千代田区神田神保町一丁目105番地
TEL 03-6837-5016／FAX 03-6837-5023
info@impress.co.jp
■書店／販売店のご注文窓口
株式会社インプレス受注センター
TEL 048-449-8040／FAX 048-449-8041

Future Coders

Pythonゲームプログラミング　知っておきたい数学と物理の基本

2017年3月24日　初版発行Ver.1.0（PDF版）

著　者　田中 賢一郎
編集人　桜井 徹
発行人　井芹 昌信
発　行　株式会社インプレスR&D
　　　　〒101-0051
　　　　東京都千代田区神田神保町一丁目105番地
　　　　http://nextpublishing.jp/
発　売　株式会社インプレス
　　　　〒101-0051　東京都千代田区神田神保町一丁目105番地

●本書は著作権法上の保護を受けています。本書の一部あるいは全部について株式会社インプレスR
&Dから文書による許諾を得ずに、いかなる方法においても無断で複写、複製することは禁じられています。

©2017 Tanaka kenichiro. All rights reserved.
印刷・製本　京葉流通倉庫株式会社
Printed in Japan

ISBN978-4-8443-9757-1

●本書はNextPublishingメソッドによって発行されています。
NextPublishingメソッドは株式会社インプレスR&Dが開発した、電子書籍と印刷書籍を同時発行できる
デジタルファースト型の新出版方式です。http://nextpublishing.jp/